国家中等职业教育改革发展示范学校建设教材

皮装款式设计

主编 沈佳

浙江科学技术出版社

图书在版编目(CIP)数据

皮装款式设计 / 沈佳主编.—杭州：浙江科学技术出版社，2015.3

国家中等职业教育改革发展示范学校建设教材

ISBN 978-7-5341-6532-0

Ⅰ.①皮… Ⅱ.①沈… Ⅲ.①皮革服装—款式设计—中等专业学校—教材 Ⅳ.①TS941.776

中国版本图书馆 CIP 数据核字(2015)第 045073 号

丛 书 名	国家中等职业教育改革发展示范学校建设教材
书　　名	皮装款式设计
主　　编	沈　佳

出版发行 浙江科学技术出版社
杭州市体育场路 347 号　邮政编码:310006
办公室电话:0571-85176593
销售部电话:0571-85176040
网　址:www.zkpress.com
E-mail:zkpress@zkpress.com

排　　版	杭州大漠照排印刷有限公司
印　　刷	浙江新华数码印务有限公司
经　　销	全国各地新华书店

开　　本	787×1092　1/16	印　张	5
字　　数	118 000		
版　　次	2015 年 3 月第 1 版		2015 年 3 月第 1 次印刷
书　　号	ISBN 978-7-5341-6532-0	定　价	21.00 元

责任编辑 张祝娟　施昌快　**封面设计** 金　晖

责任校对 马　融　**责任印务** 崔文红

编辑委员会

本册审稿　陈尚斌（浙江纺织服装职业技术学院）

郑小飞（杭州职业技术学院）

鲍加农（嘉兴教育学院）

本册主编　沈　佳

本册编者　沈　佳　冯　理

张金梅（海宁三星服饰有限公司）

黄小燕（浙江上格时装有限公司）

吴英婷（杭州泛太平洋保利公司）

编写说明

中职学生毕业后就业成为“职业人”，而毕业生具备良好的职业素养和熟练的操作技能是胜任职业岗位的关键。专业设置是否与企业岗位对接、课程内容是否与职业标准对接、教学过程是否与生产过程对接是毕业生能否满足企业需求的关键因素。因此，海宁市职业高级中学经过调研，针对原有存在的课程设置弊端、教材内容滞后、教学模式不新等问题，于2007年启动课程改革，确定“职业素养+核心技能”的课改模式，开展行业企业调研，重新设置课程名称、课程标准、课程目标、课程内容，贯彻执行“做中学、做中教”的教学理念，以“实用、会用、够用”为原则，以项目任务为引领的方式编写校本教材，实施项目化教学，有效培养学生职业素养和核心技能。

职业素养课程改革，根据学生求职就业和职场发展需求，提炼出六种职业素养，即“说、写、礼仪、公关、职业道德和从业要求、职业生涯设计和创业能力”。

核心技能课程改革，根据行业与企业岗位职责、工作任务和技能要求，提炼出专业课的核心技能，确定核心课程和教学项目，制定课程标准和编写校本教材，在这几年的使用中得到补充与提高。例如，汽修专业，提炼培养“汽车维护、汽车集成、汽车检测、车身修复、车身涂装”五大核心技能，学生无论掌握一项或多项核心技能，都能增强学生的就业竞争能力和生存发展能力，并在企业中找到适合自己的工作岗位。

2013年4月，海宁市职业高级中学被批准为国家中等职业教育改革发展示范立项建设学校，确定“汽车运用与维修”“皮革服装”“经编工艺”“园林绿化”“会计”五个专业为重点建设专业。通过深化校企合作，再度深入企业调研，从企业需求、职业岗位、工作任务、技能要求和人才规划中生成专业核心课程。从可持续发展的理念出发，校企协同编写了本套丛书，培养学生“勇立潮头，敢为人先”的创业精神与创业能力。

由于时间紧、任务重，书中定有不足之处，诚请广大读者提出宝贵的意见和建议，以求不断改进和完善。

编辑委员会

2014年5月

前　言

“皮装款式设计”是中等职业学校皮革服装专业的核心课程之一，学好皮装款式图的绘制是从事服装设计工作的基础。本书依据海宁市职业高级中学皮革服装专业“皮革款式设计”的课程标准，贯彻执行“做中学、做中教”的教学理念，以“实用、会用、够用”为原则，采取绘制款式图的项目任务引领方式进行编写。

本书共分三个项目，十八个任务。内容包括下装款式设计、女上装款式设计和男上装款式设计。在教学实施过程中，可根据皮装款式图的绘制方法，先确定“十”字基础线，再确定衣身长度线、维度线及袖长线，最后根据以上长度线和维度线，绘制衣身外轮廓线，完成分割线、明线、口袋位、扣眼位、毛领等细节部位，通过这些步骤来完成总体学习任务。

本书从皮革服装企业生产实践需求出发，分析皮革服装行业企业的设计、制作等岗位的工作内容，确定所必需的职业活动。教材编写贯彻任务驱动的思路，以培养职业核心能力为主线，选取上装、下装的典型工作项目，以任务的形式呈现工作项目的实施过程和必要的相关知识，激发学生的学习兴趣，建立学生的学习成就感。

本书借鉴《服装制作工》国家职业标准的技能要求和知识要求，以满足中职学生考证需要，同时教材中提供了款式图绘制的实例，配合丰富的图片，有利于促进学生学习的积极性，提升教学效果。建议为60课时，具体课时安排如下：

项　目	任　务	内　容	理论课时	实训课时
项目一	任务一	直筒皮裙正背面款式图绘制	1	2
	任务二	拼接皮裙正背面款式图绘制	1	2
	任务三	男式皮裤正背面款式图绘制	1	2
	任务四	男式皮短裤正背面款式图绘制	1	4
项目二	任务一	皮马甲正背面款式图绘制	1	2
	任务二	短款修身皮外套正背面款式图绘制	1	4
	任务三	休闲皮短外套正背面款式图绘制	1	2
	任务四	翻领皮外套正背面款式图绘制	1	2

续表

模 块	项 目	内 容	理论课时	实训课时
项目二	任务五	女式皮西装正背面款式图绘制	1	2
	任务六	牛角扣皮外套正背面款式图绘制	1	2
	任务七	大翻领皮外套正背面款式图绘制	1	2
	任务八	H 型皮外套正背面款式图绘制	1	2
	任务九	超短装皮外套正背面款式图绘制	1	2
	任务十	机车款皮外套正背面款式图	1	2
项目三	任务一	男式皮西服正背面款式图绘制(一)	1	4
	任务二	男式皮西服正背面款式图绘制(二)	1	2
	任务三	充绒皮衣正背面款式图绘制	1	2
	任务四	一粒扣西装正背面款式图绘制	1	2
合计			18	42

本书由浙江省海宁市职业高级中学和海宁三星服饰有限公司合作编写。本书由沈佳担任主编,负责统稿和修改。由沈佳、冯理、张金梅、黄小燕、吴英婷编写各项目。

由于编者水平有限,难免存在不足之处,恳请广大读者批评指正,以便修订完善。

编 者

2015年1月

目 录

项目一
下装款式设计

任务一 直筒皮裙正背面款式图绘制

任务描述

绘制直筒皮裙正背面款式图,要求结构比例准确,细节清晰,线迹均匀美观。

任务目标

1. 掌握直筒皮裙正背面款式图的画法。
2. 能够准确、简洁、概括地表现直筒皮裙的形态特征。

任务分析

如图1–1所示,裙子的长度一般是到膝盖位置,廓形接近于我们常说的H字裙,围裹式设计的半身裙,外层增加悬垂的裙片,多层设计增加层次感。前片和后片有拼接。

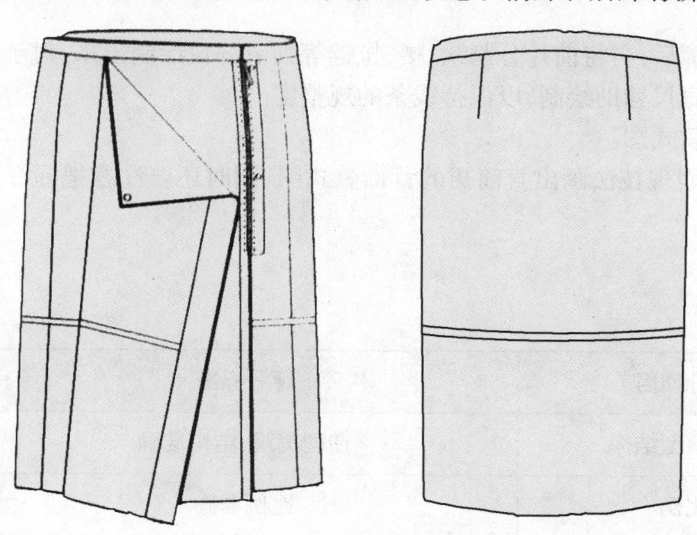

图 1–1　直筒皮裙正背面款式图

任务准备

1. 纸张:A4绘图纸。
2. 工具:铅笔、橡皮、水笔、直尺、曲线板等。

任务实施

1. 画出辅助线。如图1–2所示，长方形$abcd$，$ab:bc=1:2$，直线gh为前中线，直线ef是臀围线及门襟止口的辅助线，其位置在整个长方形$abcd$的1/5处。

2. 根据辅助线绘制直筒裙的外轮廓，如图1–3所示。

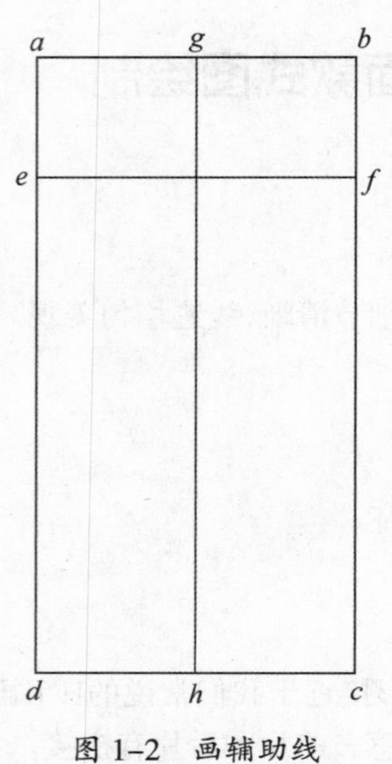

图 1–2　画辅助线

图 1–3　画外轮廓

3. 画好外轮廓后，再将前片分割线、腰、拉链等细节部位绘制出来，对于前片分割线等细节部位都可以用直尺辅助绘制，以保持线条的规整度。

4. 不断完善款式图。

5. 用相同的表现技法画出直筒裙的背面款式图，同时还要注意把握好两者在后片上的位置和比例关系。

任务评价

序	评分项目	评分标准	分值	得分
1	整体造型结构	造型美观，结构准确	3	
2	比例	比例准确	3	
3	局部细节	局部完整，细节清晰	2	
4	线条	用线准确，细节清晰	2	
合计			10	

知识巩固

根据图1–4所示，将直筒皮裙的款式图完整地绘制出来。

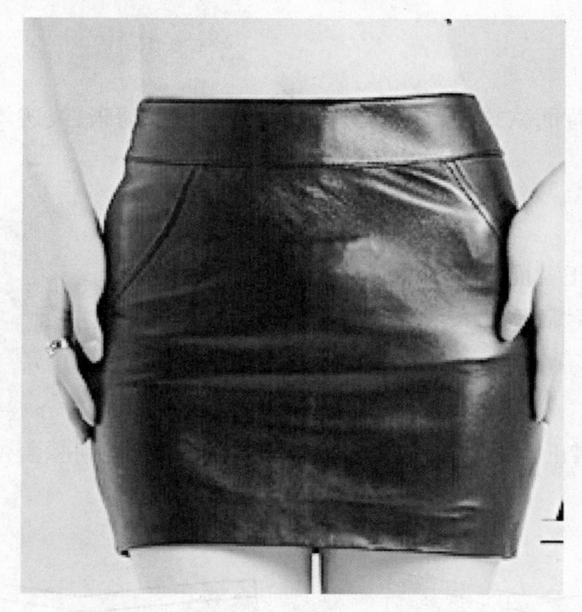

图 1–4　直筒皮裙

任务二 拼接皮裙正背面款式图绘制

任务描述

绘制拼接皮裙正背面款式图，要求结构比例准确，细节清晰，线迹均匀美观。

任务目标

1. 掌握拼接皮裙正背面款式图的画法。
2. 能够准确、简洁、概括地表现拼接皮裙的形态特征。

任务分析

如图1–5拼接皮裙正背面款式图所示，裙子的长度一般是到膝盖位置，直筒裙，装拉链，前后片均有拼接。

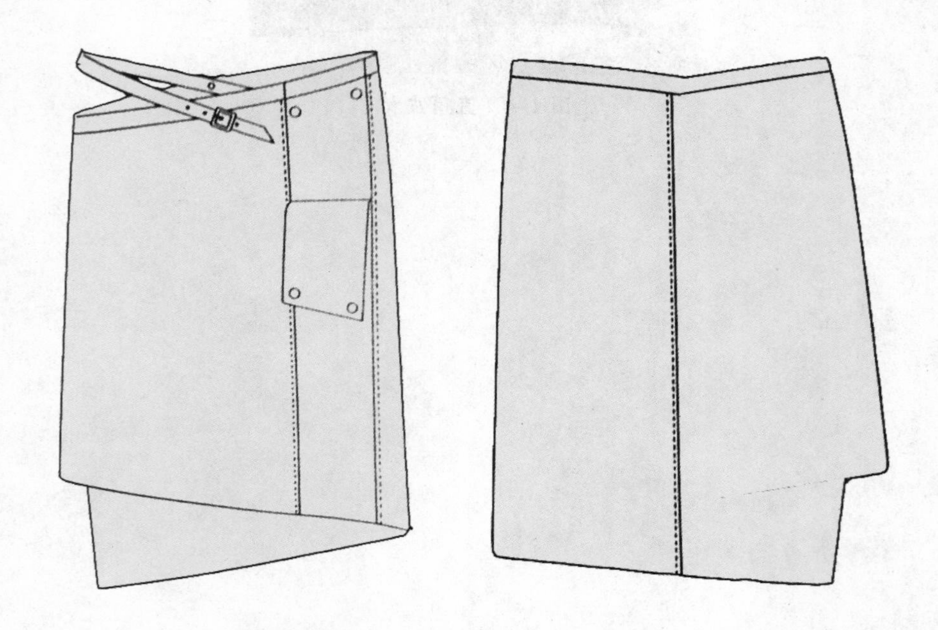

图 1–5 拼接皮裙正背面款式图

任务准备

1. 纸张：A4绘图纸。
2. 工具：铅笔、橡皮、水笔、直尺、曲线板等。

任务实施

1. 画出辅助线。如图1-6所示，长方形$abcd$，$ab:bc$=4:7，直线gh为前中线，直线ef是臀围线及门襟止口的辅助线，其位置在整个长方形$abcd$的3/10处。

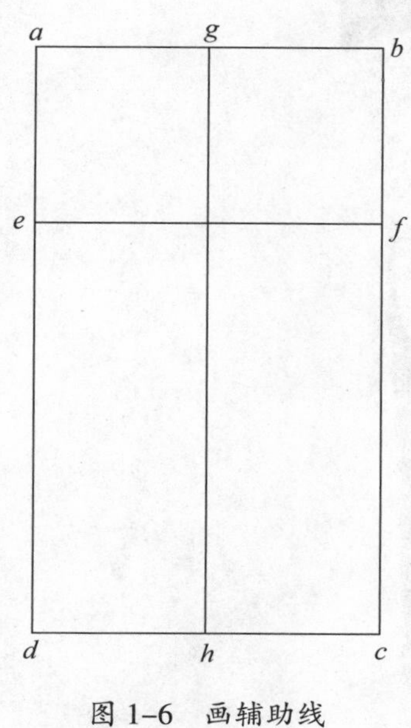

图 1-6　画辅助线

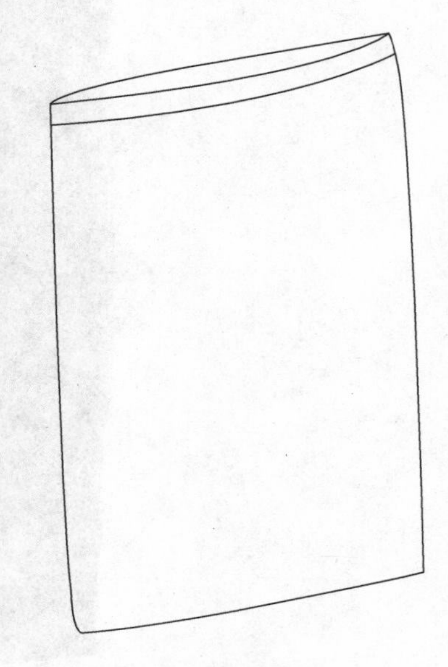

图 1-7　画外轮廓

2. 根据辅助线绘制出拼接裙的外轮廓，如图1-7所示。

3. 画好外轮廓后，再将前中分割线、腰等细节部位绘制出来。

4. 不断完善款式图。

5. 用相同的表现技法画出拼接裙的背面款式图，同时还要注意把握好两者在后片上的位置和比例关系。

任务评价

序	评分项目	评分标准	分值	得分
1	整体造型结构	造型美观，结构准确	3	
2	比例	比例准确	3	
3	局部细节	局部完整，细节清晰	2	
4	线条	用线准确，细节清晰	2	
合计			10	

根据图1-8所示，将拼接皮裙的款式图完整地绘制出来。

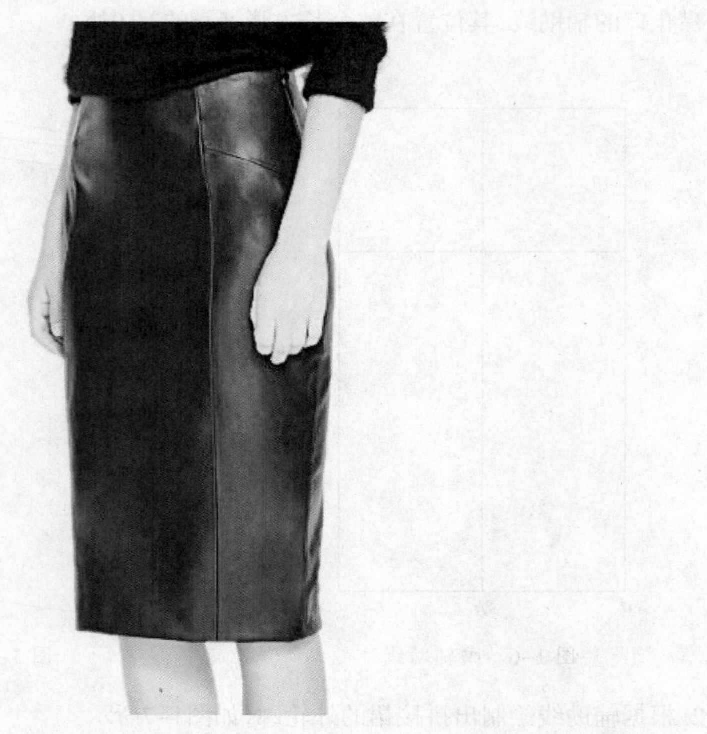

图 1-8　拼接皮裙

任务三 男式皮裤正背面款式图绘制

任务描述

绘制男式皮裤正背面款式图,要求结构比例准确,细节清晰,线迹均匀美观。

任务目标

1. 掌握男式皮裤正背面款式图的画法。
2. 能够准确、简洁、概括地表现男式皮裤的形态特征。

任务分析

口袋造型和分割线的变化是一般男式皮裤常用到的设计方法,如图1–9所示,皮裤上的侧袋、贴袋、带盖贴袋以及分割线的应用。

皮裤款式图绘制的难度不大,主要注意裤子整体的比例和结构以及口袋、分割线相互之间的位置关系;绘制时,可以先用一些直线条来表现,再将直线条略微变为弧线条;图中线条比较多,因此需要细心地来完成每一步绘制。

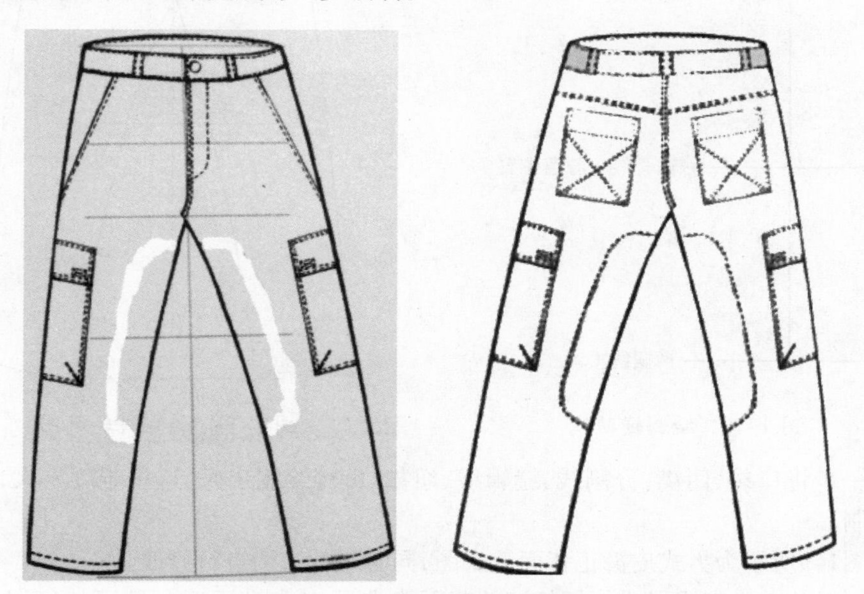

图 1–9 男式皮裤正背面款式图

任务准备

1. 纸张:A4绘图纸。
2. 工具:铅笔、橡皮、水笔、直尺、曲线板等。

任务实施

1. 绘制辅助线，裤子的辅助线相对简单一点，如图1–10所示，画出“五横一竖”，即五条横线和一条竖线。五条横线分别是腰围线、臀围线、横裆线、髌骨线和裤摆线，竖线则是裤长线。长裤腰围线与裤长线比值定位2∶5.5，确定出腰的宽度和裤长，臀围线在裤长线的1/5的位置，横裆线在裤长线的1/3的位置，髌骨线也就是膝盖的位置，其在裤长线的2/3偏上一点的位置。定好髌骨线也有利于绘制中裤、七分裤、短裤时，掌握好裤子的长度。

注意在初学时，可以用直尺量取长度画出辅助线，理解和掌握后，就可以通过目测来确定辅助线相互之间的位置。

2. 根据辅助线可以将长裤的大轮廓、腰头及前裆线绘制出来，如图1–11所示。这一步，要注意几个点——腰围线的两个端线及横裆线与裤长线的交点，注意这几个点，就能较好地把握住裤管的宽度。

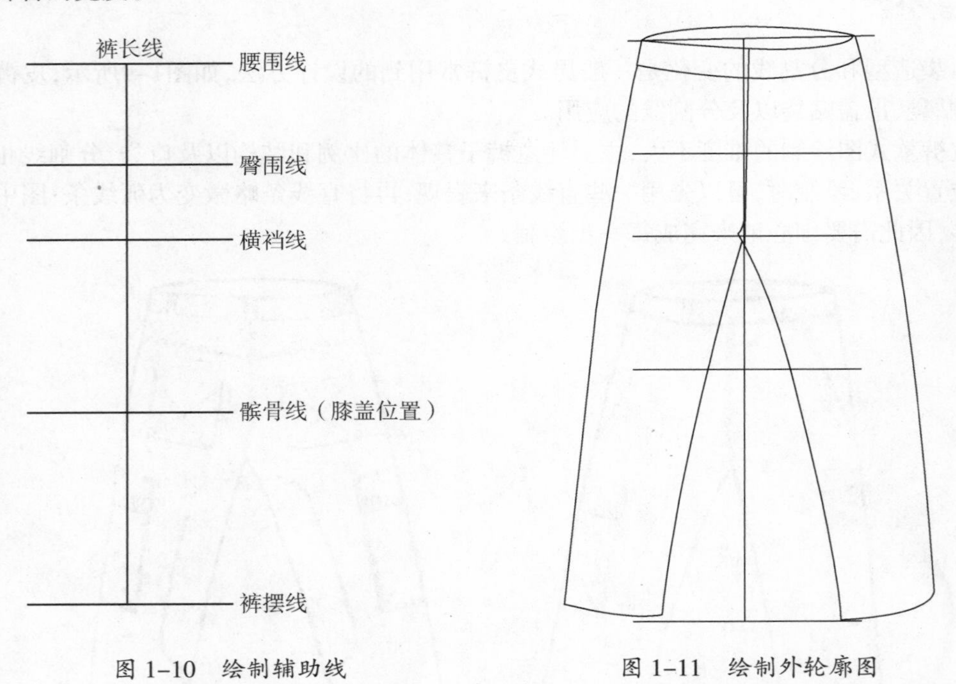

图 1–10　绘制辅助线　　　　图 1–11　绘制外轮廓图

3. 进一步将口袋、门襟、分割线、缝辑线、纽扣、裤袢绘制出来，这里难度不大，仍然需要细心地绘制。

4. 如图1–9所示为男式皮裤正背面款式图，同时对款式图进行修改。

5. 用同样的方法完成男式休闲长裤的背面款式图，绘制背面时，可以利用正面的外轮廓线形，也可以用拷贝的纸张将正面的轮廓线拷贝下来，再根据背面不同的设计点去进行绘制，注意背面的一些变化，如育克、后贴袋等。

任务评价

序	评分项目	评分标准	分值	得分
1	整体造型结构	造型美观，结构准确	3	
2	比例	比例准确	3	
3	局部细节	局部完整，细节清晰	2	
4	线条	用线准确，细节清晰	2	
	合计		10	

知识巩固

根据图1-12所示，将皮裤的款式图完整地绘制出来。

图 1-12 皮裤

知识链接

一、皮裤的比例结构

皮裤的构成主要是由腰头、前后裤片、育克以及口袋等组成，如图1-9所示。与西裤不同的是，皮裤在结构上的变化也相对较多。一般来说，身高为175cm，体型正常的男性，其男裤的腰围在80cm左右，裤长为105cm左右。回到款式图上，这时画的是裤子平铺时的造型，因此整个裤子的腰宽(这里腰的宽度是腰围的一半)和裤长之比可以看成是40:105,换算出来就是2:5.25,当然这个比值不是绝对的,要根据不同的设计尺寸做适当的调整,在初学时,可以按照2:5这样一个比例作为参照,通过十宫格就能很好地掌握男式休闲长裤的整体比例关系,在绘制时根据实际尺寸要求做具体的修整。

二、男式皮裤的造型规律

男装的设计主要在于其中的细节,男式休闲长裤也不例外。裤子的外造型基本固定化,简单理解裤子就是由腰头、裆部和两个裤管组成,因此对于一般成品男式皮长裤外造型变化不大,主要在于局部细节的变化上。皮裤的造型变化都是集中在一些细节处,例如口袋、分割线等。从图中的皮裤的款式造型变化中可以很清楚地看到,口袋和分割线等相关局部细节稍作变化,就会带来风格上的变化,并给人不同的感觉。

三、男式皮裤的表现技法

皮裤的表现技法和前面所讲内容表现技法基本相同,以勾线为主,用相实线、细实线、虚线相互合理的应用,绘制出比例、造型准确的款式图,是技法的主要部分。再画男式长裤时,用线可以稍微硬朗一点,可以多用一些直线条去表现,可借助直尺和曲线板进行绘制。

四、皮裤的表现形式

常见的皮裤的表现形式和规范画法表现形式基本一样,由于裤子的外形相对固定,根据其设计点的不同也会有其他的一些表现形式,如画出裤子的侧面。如果碰到裤子的正面和侧面都有设计点或细节变化,则裤子的正面和侧面都需要表现出来。

任务四　男式皮短裤正背面款式图绘制

任务描述

绘制男式皮短裤正背面款式图，要求结构比例准确，细节清晰，线迹均匀美观。

任务目标

1. 掌握男式皮短裤正背面款式图的画法。
2. 能够准确、简洁、概括地表现男式皮短裤的形态特征。

任务分析

前、后片有分割，并且前片左、右裤片加入了褶量，口袋为隐形式，增加了“酷”感，如图1-13所示。

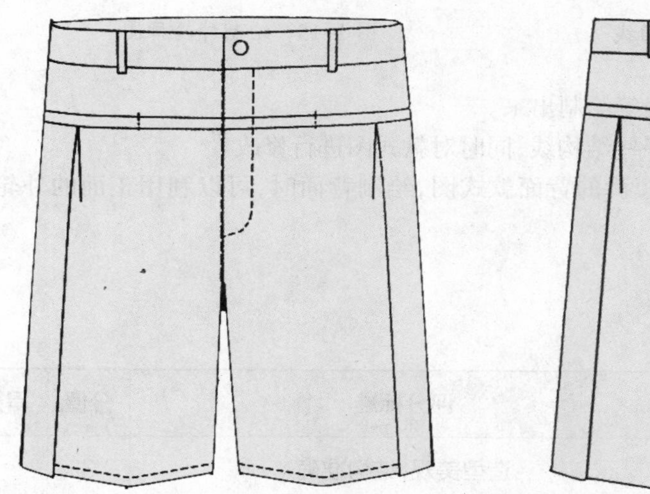
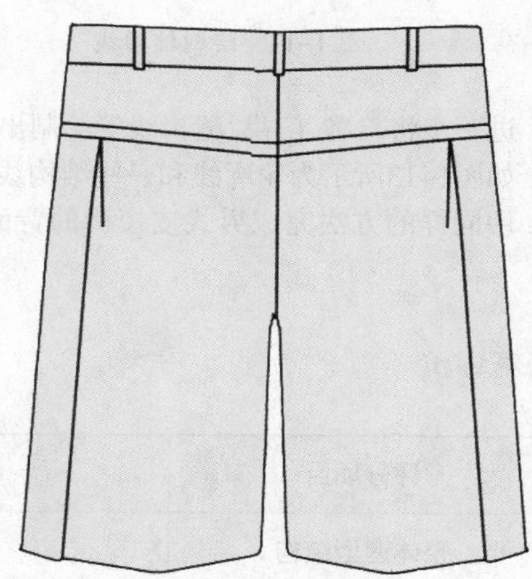

图 1-13　男式皮短裤正背面款式图

任务准备

1. 纸张：A4绘图纸。
2. 工具：铅笔、橡皮、水笔、直尺、曲线板等。

任务实施

1. 绘制辅助线，如图1-14所示，画出“四横一竖”，即四条横线和一条竖线。四条横线分别是腰围线、臀围线、横裆线、髌骨线，竖线则是裤长线，确定出腰的宽度和裤长。注意在初学时，可以用直尺量取长度画出辅助线，理解和掌握后，就可以通过目测来确定辅助线相互之间的位置。

2. 根据辅助线可以将皮短裤的大轮廓、腰头及前裆线绘制出来，如图1-15所示。这一步，要注意几个点——腰围线的两个端线及横裆线与裤长线的交点，注意这几个点，就能较好地把握住裤管的宽度。

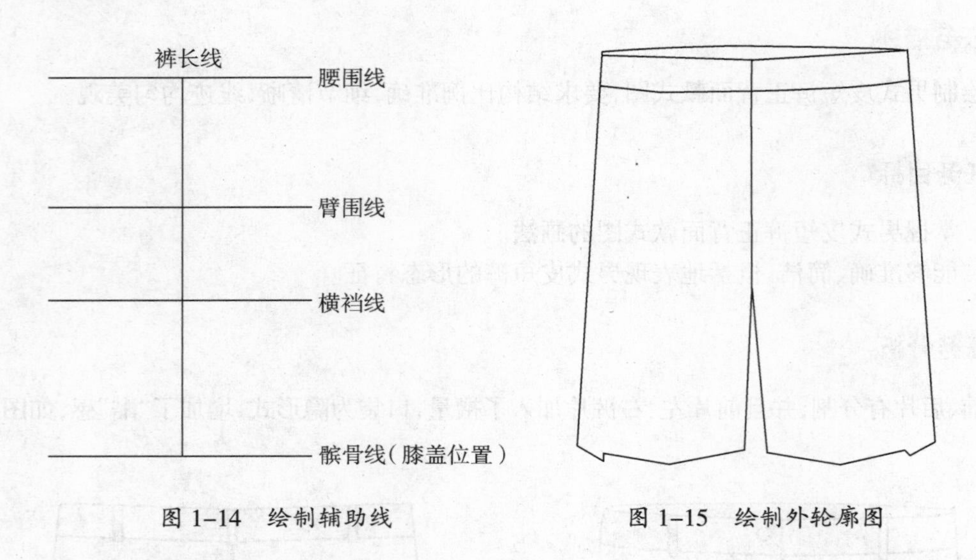

图 1-14　绘制辅助线　　图 1-15　绘制外轮廓图

3. 进一步将口袋、门襟、缝缉线等绘制出来。

4. 如图1-13所示为轮廓线和一些结构线，同时对款式图进行修改。

5. 用同样的方法完成男式皮短裤的背面款式图，绘制背面时，可以利用正面的外轮廓线形。

任务评价

序	评分项目	评分标准	分值	得分
1	整体造型结构	造型美观，结构准确	3	
2	比例	比例准确	3	
3	局部细节	局部完整，细节清晰	2	
4	线条	用线准确，细节清晰	2	
合计			10	

知识巩固

根据图1–16所示，将男式皮短裤的款式图完整地绘制出来。

图 1–16　男式皮短裤

项目二》》》
女上装款式设计

任务一 皮马甲正背面款式图绘制

任务描述

绘制一款皮马甲正背面款式图，要求结构比例准确，细节清晰，线迹均匀美观。

任务目标

1. 掌握皮马甲正背面款式图的绘制。
2. 能够准确、简洁、概括地表现皮马甲的形态特征。

任务分析

如图2–1所示为皮马甲正背面款式图，在绘制款式图时，首先要了解皮马甲的款式特点，分析其造型比例，做到心中有数。这款皮马甲毛领，前片左右各一个嵌线袋，前后片均有分割。

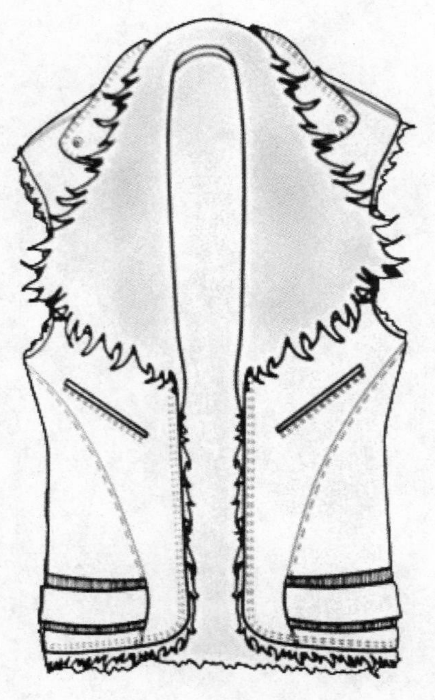
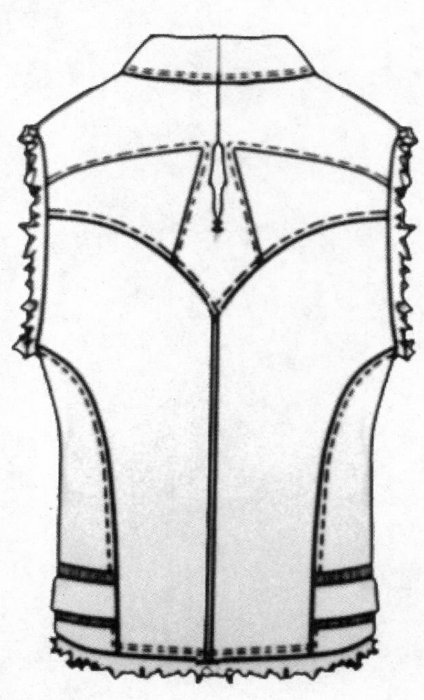

图 2–1 皮马甲正背面款式图

任务准备

1. 纸张：A4绘图纸。
2. 工具：铅笔、橡皮、水笔、直尺、曲线板等。

任务实施

1. 出示制图规格。

单位：cm

号型	衣长	肩宽	胸围	背长	领围
160/84A	55	42	88	40	40
比例 1:10	5.5	4.2	8.8	4.0	4.0

2. 绘制皮马甲款式图。

（1）确定“十”字基础线（如图2–2所示）。

“|”代表经线，“—”代表纬线。经线不仅是衣长线，也是服装的中心线，画时一般比衣长略长；纬线可以是领围线，也可以是胸围线。

（2）确定衣身长度线（如图2–3所示）。

① 前领深线：N/5＝0.80cm（N为领围，下同）。

② 前肩斜线：B/20＝0.44cm（B为胸围，下同）。

③ 袖窿深线：B/6＋0.6＝2.06cm。

④ 腰节线：4.0cm。

⑤ 下摆线：衣长＝5.5cm。

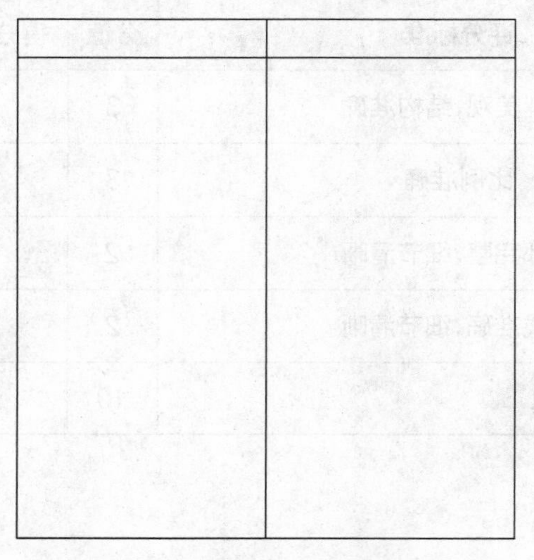

图 2–2　绘制“十”字基础线

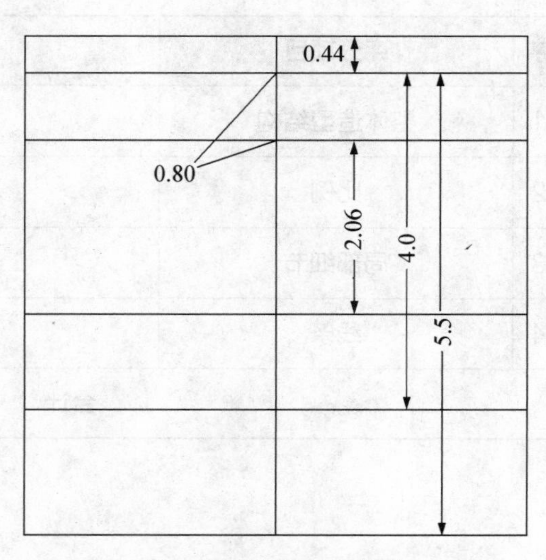

图 2–3　绘制衣身长度

（3）确定维度线及袖长线（如图2–4所示）。

① 前领宽线：N/5＝0.84cm。

② 全肩宽：S＝4.2cm（S为肩宽，下同）。

③ 胸围线：B/2＝4.4cm。

④ 下摆线：此款为宽松型的外套，略窄于腰围宽

（4）根据以上长度线和维度线，绘制衣身外轮廓线，完成分割线、明线、口袋位、扣眼位、毛领等细节部位。

（5）完成马甲的背视图。

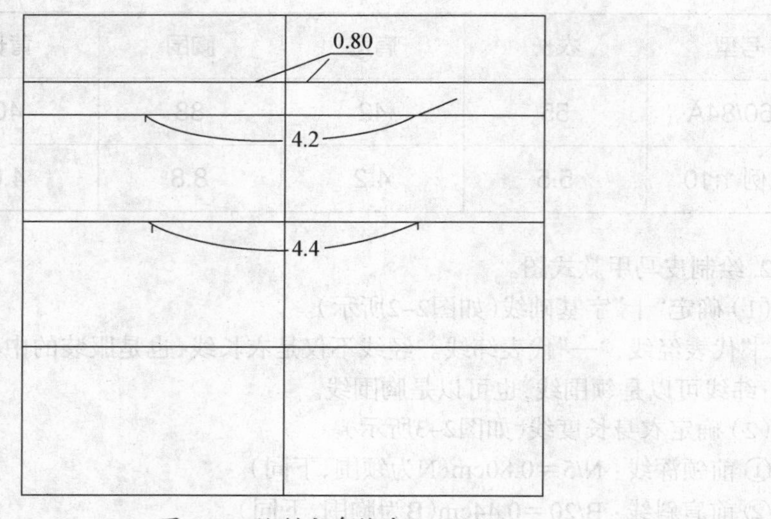

图 2–4　绘制衣身维度

任务评价

序	评分项目	评分标准	分值	得分
1	整体造型结构	造型美观，结构准确	3	
2	比例	比例准确	3	
3	局部细节	局部完整，细节清晰	2	
4	线条	用线准确，细节清晰	2	
合计			10	

根据图2–5所示，将皮马甲的款式图完整地绘制出来。

图 2–5　皮马甲

任务二 短款修身皮外套正背面款式图绘制

任务描述

绘制短款修身外套的正背面款式图,要求结构比例准确,细节清晰,线迹均匀美观。

任务目标

1. 掌握短款修身皮外套正背面款式图的画法。
2. 能够准确、简洁、概括地表现短款修身外套的形态特征。

任务分析

如图2-6短款修身皮外套正背面款式图所示的短款修身皮外套,衣长略短,下摆在臀围线以上,单排两粒扣,收腰合体的效果,领子采用翻领的造型,腰部有口袋,袖管较细,一般为两片袖,在后片上常有一条分割线。

图 2-6 短款修身皮外套正背面款式图

任务准备

1. 纸张:A4绘图纸。
2. 工具:铅笔、橡皮、水笔、直尺、曲线板等。

任务实施

1. 出示制图规格。

单位：cm

号型	后中长	肩宽	胸围	背长	袖长	领围
160/84A	45	40	88	45	62	40
比例 1:10	4.5	4.0	8.8	4.5	6.2	4.0

2. 绘制短款修身外套款式图。

（1）确定“十”字基础线。如图2–2所示。

（2）确定衣身长度线（如图2–7所示）。

① 前领深线：N/5＝0.80cm。

② 前肩斜线：B/20＝0.44cm。

③ 袖窿深线：B/6＋0.6＝2.06cm。

④ 腰节线：4.0cm。

⑤下摆线：衣长＝4.5cm。

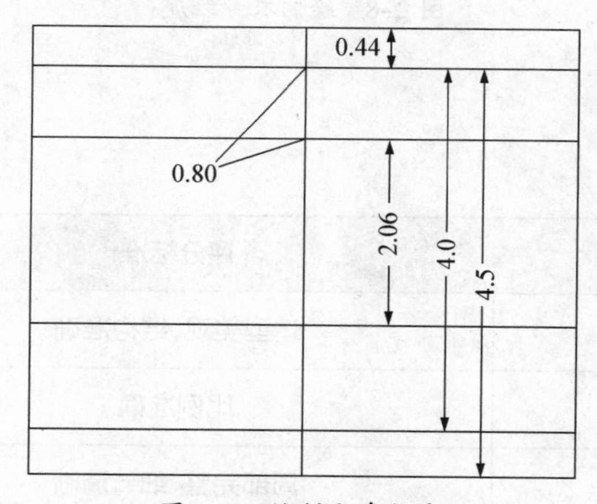

图 2–7 绘制衣身长度

（3）确定维度线及袖长线（如图2–8所示）。

① 前领宽线：N/5＝0.80cm。

② 全肩宽：S＝4.0cm。

③ 胸围线：B/2＝4.4cm。

④ 下摆线：此款为宽松型的外套，略窄于胸围宽。

⑤ 确定袖长线：袖长＝6.2cm。

（4）根据以上长度线和维度线，绘制衣身外轮廓线。完成分割线、明线、口袋位、扣眼位、衣领等细节部位。

用相同的办法，完成背视图。

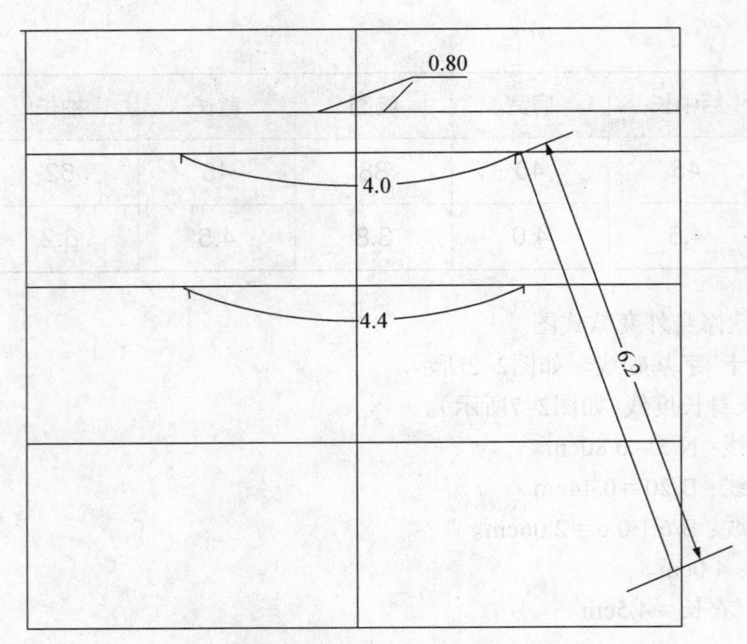

图 2-8　绘制衣身维度

任务评价

序	评分项目	评分标准	分值	得分
1	整体造型结构	造型美观，结构准确	3	
2	比例	比例准确	3	
3	局部细节	局部完整，细节清晰	2	
4	线条	用线准确，细节清晰	2	
合计			10	

知识巩固

根据图2–9所示，将短款修身皮外套的款式图完整地绘制出来。

图 2–9　短款修身皮外套

知识链接

一、短款修身外套的比例结构

此款短款修身外套的衣长略短，袖长比衣长略长一点。

在掌握好比例后，再分析短款修身外套的结构。为了准确地表达其造型，需了解短款修身外套的整体及局部的结构特征。短款修身外套一般来说较为合体，衣身的公主线以及省道线都是为了使服装达到合体的目的，因此，从外廓造型上看略有收腰的效果。袖子为比较合体的直筒形，一般为两片袖，袖片的袖山较高，袖山越高，袖子越合体。

二、短款修身外套的表现技法

短款修身外套的表现技法，是用勾线的形式将短款修身外套款式图的正背面绘制出来，也可简单上色。一般上色都为平涂，用水彩颜料或水粉颜料淡淡地上一层色，大多数还是以勾线为主。用于生产的款式图会在款式图旁边贴上一块面料小样来表示衣服的颜色以及所使用的面料。对于短款修身外套，所使用面料较硬挺，同时还要在面料反面黏衬，因此服装整体会有挺括之感，在现实中可以用较硬的线条去表现这种硬挺的感觉。绘制时左右两边也需要画对称。

任务三 休闲皮短外套正背面款式图绘制

任务描述

绘制休闲皮短外套正背面款式图，要求结构比例准确，细节清晰，线迹均匀美观。

任务目标

1. 掌握休闲皮短外套正背面款式图的画法。
2. 能够准确、简洁、概括地表现休闲短外套的形态特征。

任务分析

如图2–10所示为休闲皮短外套正背面款式图，此款休闲皮短外套装毛领，前后片、袖子均有分割，左前胸有拉链袋。

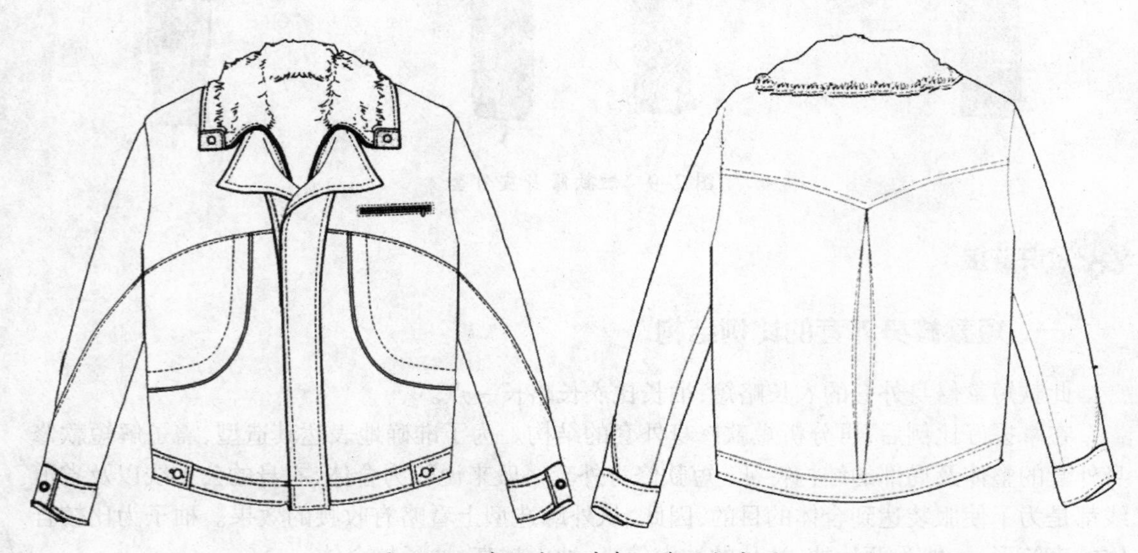

图 2–10 休闲皮短外套正背面款式图

任务准备

1. 纸张：A4绘图纸。
2. 工具：铅笔、橡皮、水笔、直尺、曲线板等。

1. 出示制图规格。

单位：cm

号型	衣长	肩宽	胸围	背长	袖长	领围	袖克夫
160/84A	58	40	90	40	60	40	12
比例 1:10	5.8	4.0	9.0	4.0	6.0	4.0	1.2

2. 绘制休闲短外套款式图。

(1) 确定“十”字基础线。如图2-2所示。

(2) 确定衣身长度线(如图2-11所示)。

① 前领深线：N/5＝0.80cm。

② 前肩斜线：B/20＝0.45cm。

③ 袖窿深线：B/6＋0.6＝2.1cm。

④ 腰节线：4.0cm。

⑤ 下摆线：衣长＝5.8cm。

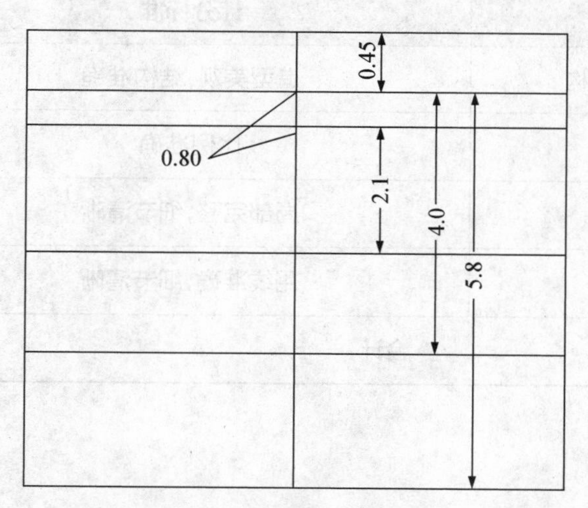

图 2-11　绘制衣身长度

(3) 确定维度线及袖长线(如图2-12所示)。

① 前领宽线：N/5＝0.80cm。

② 全肩宽：S＝4.0cm。

③ 胸围线：B/2＝4.5cm。

④ 确定袖长线：袖长＝6.0cm。

(4) 根据以上长度线和维度线，绘制衣身外轮廓线。

(5) 完成分割线、明线、口袋位、扣眼位、毛领等细节部位。用相同的办法，完成背视图。

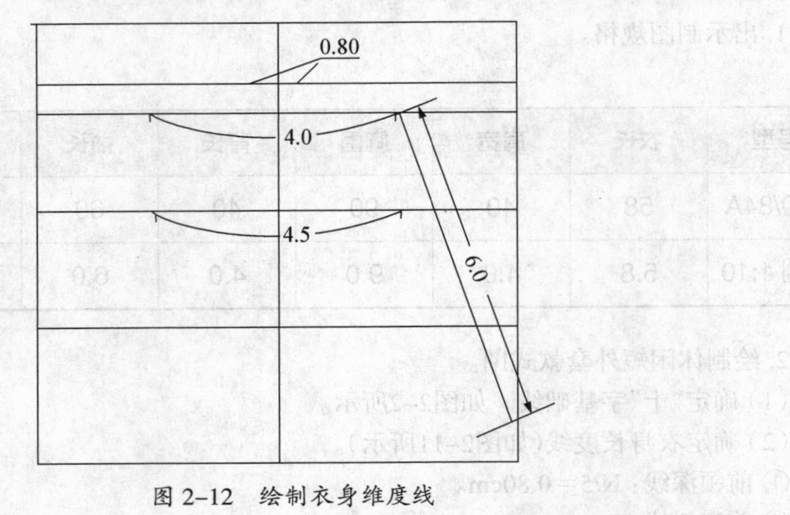

图 2-12　绘制衣身维度线

任务评价

序	评分项目	评分标准	分值	得分
1	整体造型结构	造型美观，结构准确	3	
2	比例	比例准确	3	
3	局部细节	局部完整，细节清晰	2	
4	线条	用线准确，细节清晰	2	
	合计		10	

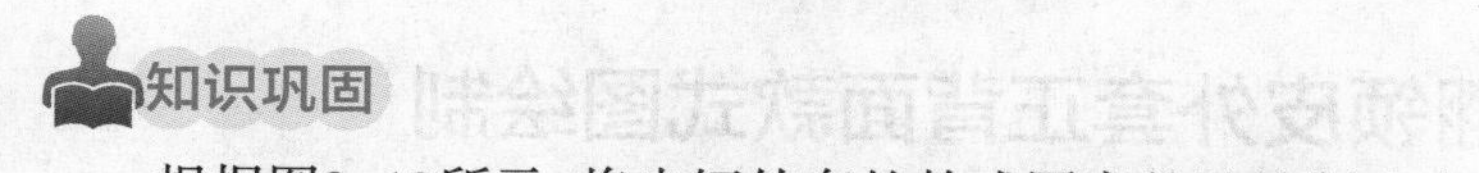

根据图2-13所示，将皮短外套的款式图完整地绘制出来。

图 2-13 皮短外套

任务四　翻领皮外套正背面款式图绘制

任务描述

绘制翻领皮外套正背面款式图，要求结构比例准确，细节清晰，线迹均匀美观。

任务目标

1. 掌握翻领皮外套正背面款式图的画法。
2. 能够准确、简洁、概括地表现翻领皮外套的形态特征。

任务分析

如图2-14所示为翻领皮外套正背面款式图，在绘制款式图时，首先要了解翻领皮外套的款式特点，分析其造型比例，做到心中有数。这款皮外套有较多的铆钉装饰，左右装拉链口袋，前后片及袖片有分割。

图 2-14　翻领皮外套正背面款式图

任务准备

1. 纸张：A4绘图纸。
2. 工具：铅笔、橡皮、水笔、直尺、曲线板等。

任务实施

1. 出示制图规格。

单位：cm

号型	衣长	肩宽	胸围	背长	袖长	领围	袖克夫
160/84A	58	42	88	40	56	40	12
比例 1:10	5.8	4.2	8.8	4.0	5.6	4.0	1.2

2. 绘制翻领皮外套款式图。

（1）确定“十”字基础线。如图2–2所示。

（2）确定衣身长度线(如图2–15所示)。

① 前领深线：N/5＝0.80cm。

② 前肩斜线：B/20＝0.44cm。

③ 袖窿深线：B/6＋0.6＝2.06cm。

④ 腰节线：4.1cm。

⑤ 下摆线：衣长＝5.8cm。

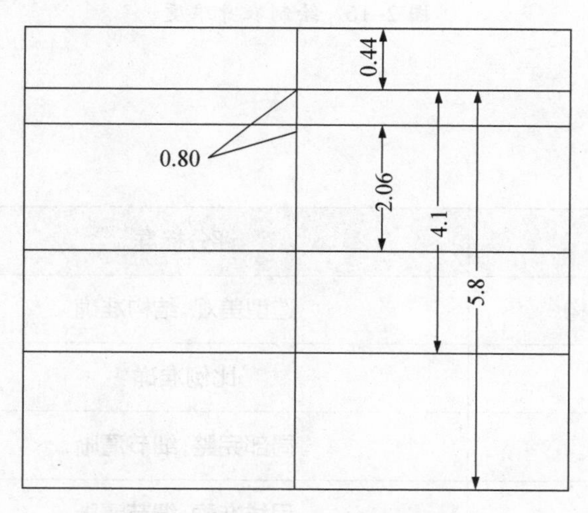

图 2–15　绘制衣身长度

（3）确定维度线及袖长线(如图2–16所示)。

① 前领宽线：N/5＝0.80cm。

② 全肩宽：S＝4.2cm。

③ 胸围线：B/2＝4.4cm。

④ 下摆线：此款为宽松型的外套，略窄于胸围宽。

⑤ 确定袖长线：袖长＝5.6cm。

（4）根据以上长度线和维度线，绘制衣身外轮廓线。完成分割线、明线、口袋位、扣眼位、衣领等细节部位。

（5）用相同的办法，完成背视图。

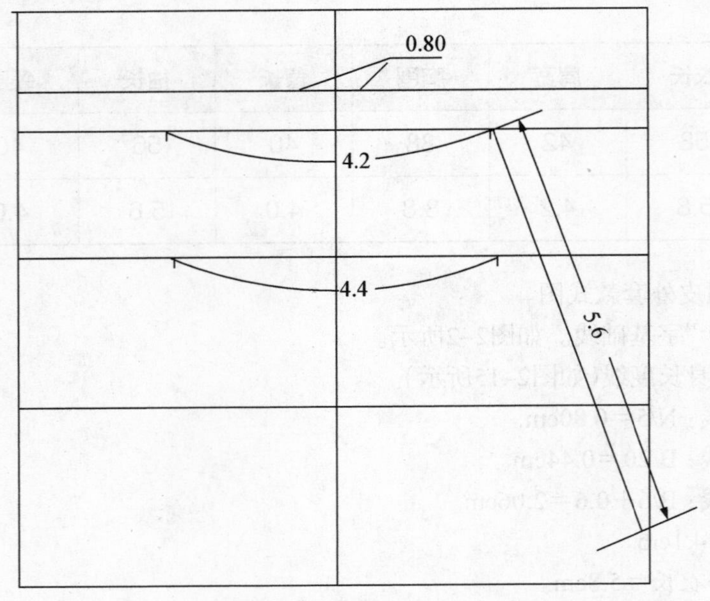

图 2-16　绘制衣身维度

任务评价

序	评分项目	评分标准	分值	得分
1	整体造型结构	造型美观，结构准确	3	
2	比例	比例准确	3	
3	局部细节	局部完整，细节清晰	2	
4	线条	用线准确，细节清晰	2	
合计			10	

知识巩固

根据图2-17所示，将翻领皮外套的款式图完整地绘制出来。

图 2-17　翻领皮外套

任务五 女式皮西装正背面款式图绘制

任务描述

绘制女式皮西装正背面款式图，要求结构比例准确，细节清晰，线迹均匀美观。

任务目标

1. 掌握女式皮西装正背面款式图的画法。
2. 能够准确、简洁、概括地表现女西装的形态特征。

任务分析

如图2-18所示为女式皮西装正背面款式图，该外套毛领装饰，斜下摆，门襟装饰明扣，前后片有分割。

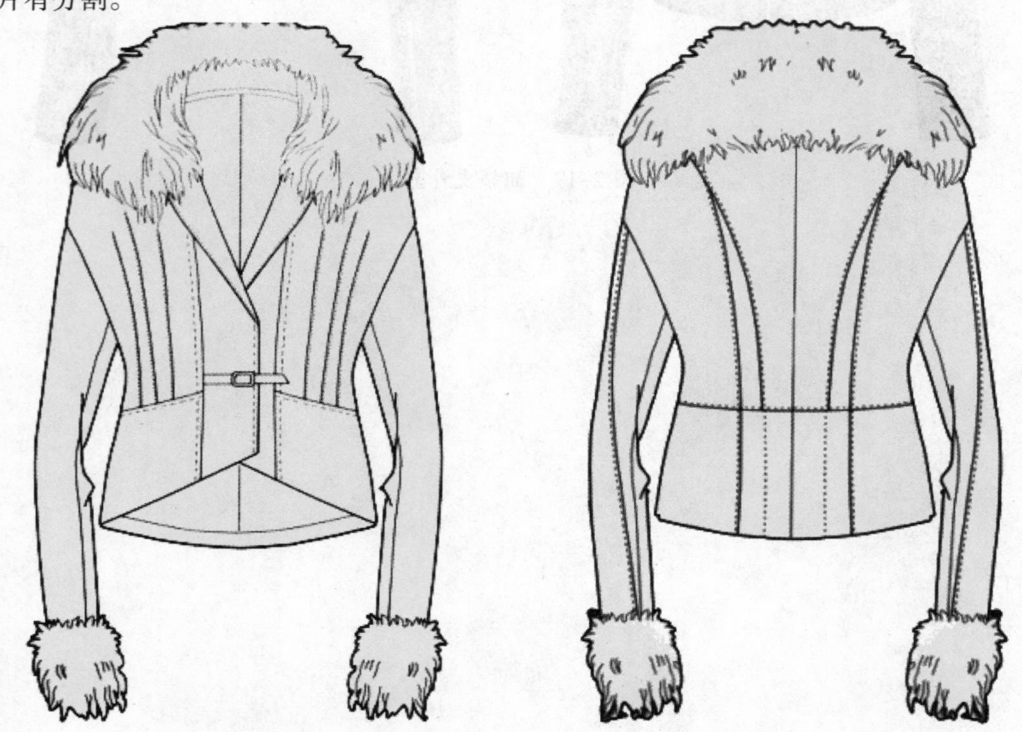

图 2-18 女式皮西装正背面款式图

任务准备

1. 纸张：A4绘图纸。
2. 工具：铅笔、橡皮、水笔、直尺、曲线板等。

任务实施

1. 出示制图规格。

单位：cm

号型	衣长	肩宽	胸围	背长	袖长	领围	袖克夫
160/84A	60	42	90	41	61	41	11
比例 1:10	6.0	4.2	9.0	4.1	6.1	4.1	1.1

2. 绘制皮外套款式图。

（1）确定“十”字基础线。如图2–2所示。

（2）确定衣身长度线（如图2–19所示）。

① 前领深线：N/5＝0.82cm。

② 前肩斜线：B/20＝0.45cm。

③ 袖窿深线：B/6＋0.6＝2.1cm。

④ 腰节线：4.1cm。

⑤ 下摆线：衣长＝6.0cm。

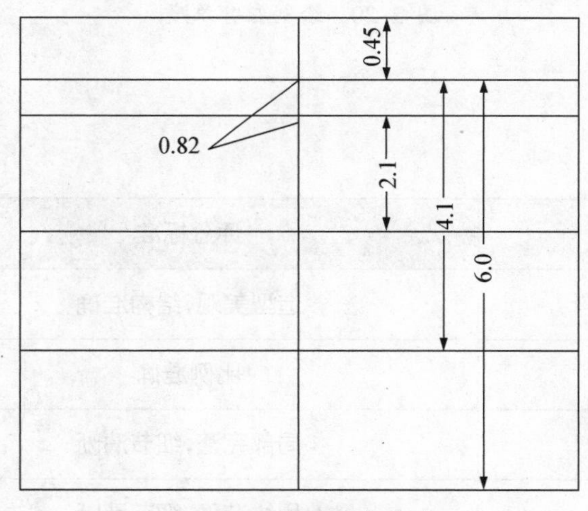

图 2–19　绘制衣身长度

（3）确定维度线及袖长线（如图2–20所示）。

① 前领宽线：N/5＝0.82cm。

② 全肩宽：S＝4.2cm。

③ 胸围线：B/2＝4.5cm。

④ 下摆线：此款为收腰型的外套，略窄于胸围宽。

⑤ 确定袖长线：袖长＝6.1cm。

（4）根据以上长度线和维度线，绘制衣身外轮廓线。完成分割线、明线、口袋位、扣眼位、毛领等细节部位。

（5）用相同的办法，完成背视图。

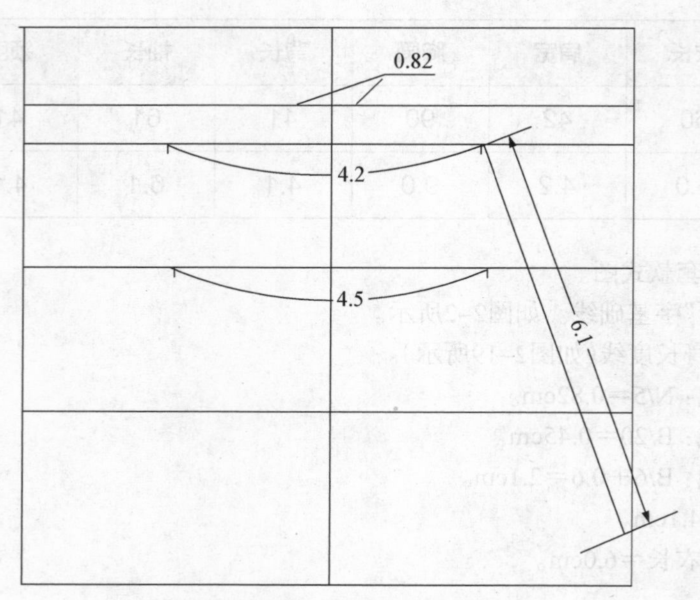

图 2-20　绘制衣身维度

任务评价

序	评分项目	评分标准	分值	得分
1	整体造型结构	造型美观，结构准确	3	
2	比例	比例准确	3	
3	局部细节	局部完整，细节清晰	2	
4	线条	用线准确，细节清晰	2	
		合计	10	

知识巩固

根据图2-21所示，将女式皮西装的款式图完整地绘制出来。

图 2-21 女式皮西装

任务六　牛角扣皮外套正背面款式图绘制

任务描述

绘制牛角扣皮外套正背面款式图，要求结构比例准确，细节清晰，线迹均匀美观。

任务目标

1. 掌握牛角扣皮外套正背面款式图的画法。
2. 能够准确、简洁、概括地表现牛角扣皮外套的形态特征。

任务分析

如图2–22所示为牛角扣皮外套正背面款式图，该外套皮毛一体，翻领，学生装门襟牛角扣，皮条压边装饰，体现厚重感。

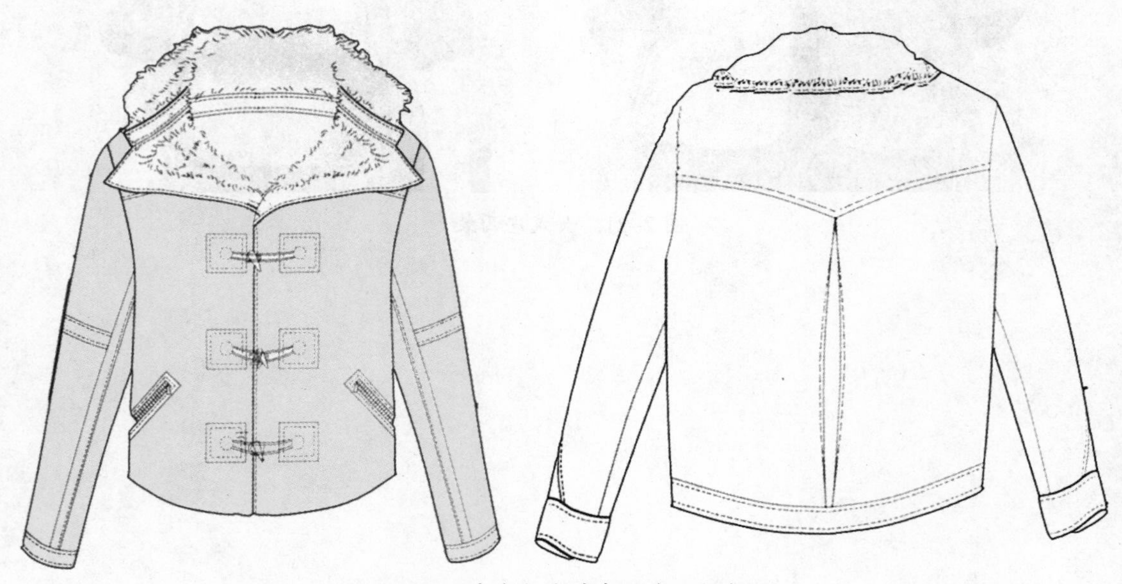

图 2–22　牛角扣皮外套正背面款式图

任务准备

1. 纸张：A4绘图纸。
2. 工具：铅笔、橡皮、水笔、直尺、曲线板等。

任务实施

1. 出示制图规格。

单位：cm

号型	衣长	肩宽	胸围	背长	袖长	领围	袖克夫
160/84A	58	42	94	41	58	40	12
比例 1:10	5.8	4.2	9.4	4.1	5.8	4.0	1.2

2. 绘制牛角扣女外套款式图。

（1）确定“十”字基础线。如图2–2所示。

（2）确定衣身长度线（如图2–23所示）。

① 前领深线：N/5＝0.80cm。

② 前肩斜线：B/20＝0.47cm。

③ 袖窿深线：B/6＋0.6＝2.2cm。

④ 腰节线：4.1cm。

⑤ 下摆线：衣长＝5.8cm。

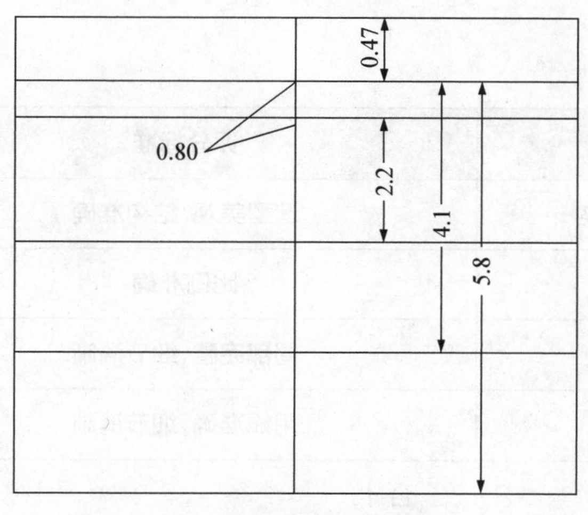

图 2–23 绘制衣身长度

（3）确定维度线及袖长线（如图2–24所示）。

① 前领宽线：N/5＝0.80cm。

② 全肩宽：S＝4.2cm。

③ 胸围线：B/2＝4.7cm。

④ 下摆线：此款为宽松型的外套，略窄于胸围宽。

⑤ 确定袖长线：袖长＝5.8cm。

(4) 根据以上长度线和维度线，绘制衣身外轮廓线。完成分割线、明线、口袋位、扣眼位、毛领等细节部位。

(5) 用相同的办法，完成背视图。

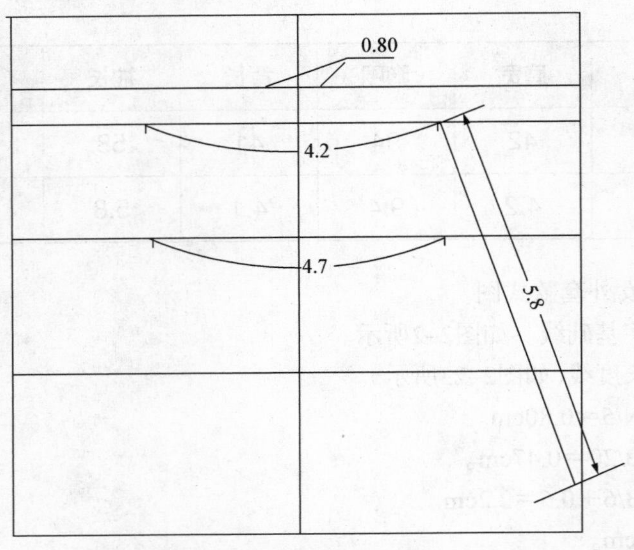

图 2-24　绘制衣身维度

任务评价

序	评分项目	评分标准	分值	得分
1	整体造型结构	造型美观，结构准确	3	
2	比例	比例准确	3	
3	局部细节	局部完整，细节清晰	2	
4	线条	用线准确，细节清晰	2	
合计			10	

知识巩固

根据图2–25所示，将牛角扣皮外套的款式图完整地绘制出来。

图 2–25　牛角扣皮外套

任务七 大翻领皮外套正背面款式图绘制

任务描述

绘制大翻领皮外套正背面款式图，要求结构比例准确，细节清晰，线迹均匀美观。

任务目标

1. 掌握大翻领皮外套正背面款式图的画法。
2. 能够准确、简洁、概括地表现大翻领皮外套变化款的形态特征。

任务分析

如图2-26所示为大翻领皮外套正背面款式图，该外套银狐大翻领增加奢华感，前片多层次结构设计，后片分割。

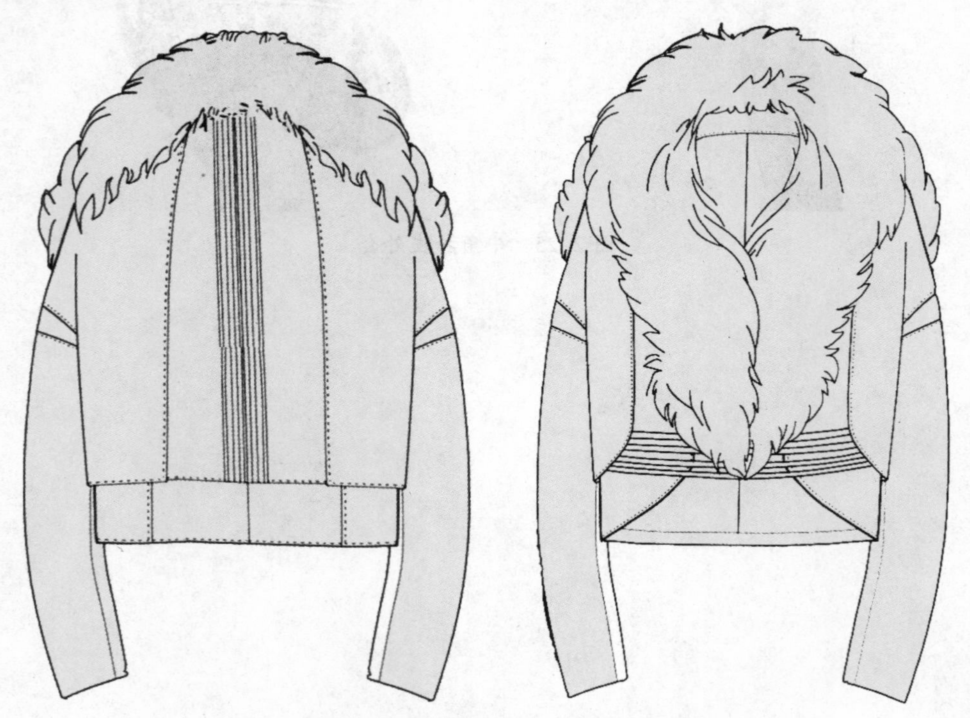

图 2-26 大翻领皮外套正背面款式图

任务准备

1. 纸张：A4绘图纸。
2. 工具：铅笔、橡皮、水笔、直尺、曲线板等。

任务实施

1. 出示制图规格。

单位:cm

号型	衣长	肩宽	胸围	背长	袖长	领围	袖克夫
160/84A	58	42	92	41	60	41	12
比例 1:10	5.8	4.2	9.2	4.1	6.0	4.1	1.2

2. 绘制大翻领女外套款式图。

(1) 确定“十”字基础线。如图2-2所示。

(2) 确定衣身长度线(如图2-27所示)。

① 前领深线: N/5=0.82cm。

② 前肩斜线: B/20=0.46cm。

③ 袖窿深线: B/6+0.6=2.13cm。

④ 腰节线: 4.1cm。

⑤ 下摆线: 衣长=5.8cm。

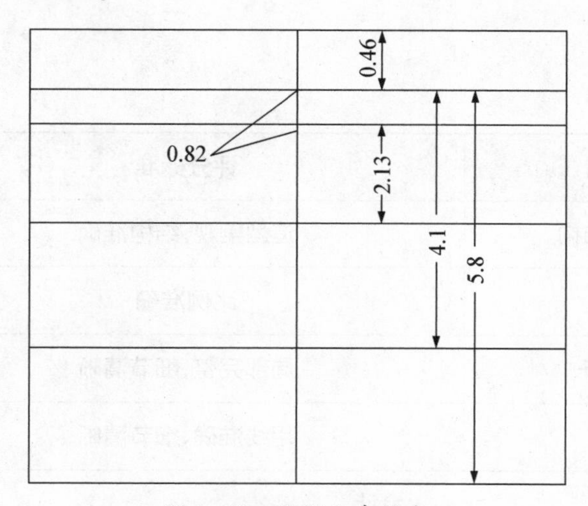

图 2-27　绘制衣身长度

(3) 确定维度线及袖长线(如图2-28所示)。

① 前领宽线: N/5=0.82cm。

② 全肩宽: S=4.2cm。

③ 胸围线: B/2=4.6cm。

④ 下摆线: 此款为宽松型的外套,与胸围等宽。

⑤ 确定袖长线: 袖长=6.0cm。

(4) 根据以上长度线和维度线,绘制衣身外轮廓线。完成分割线、明线、口袋位、扣眼位、毛领等细节部位。

(5)用相同的办法,完成背视图。

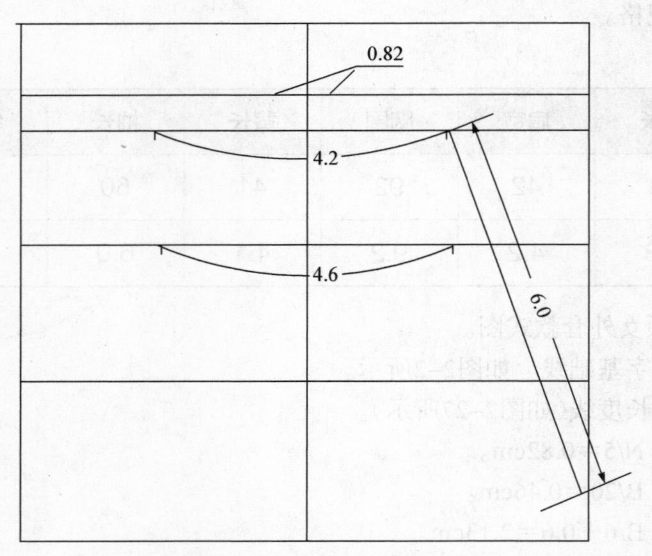

图 2-28　绘制衣身维度

任务评价

序	评分项目	评分标准	分值	得分
1	整体造型结构	造型美观,结构准确	3	
2	比例	比例准确	3	
3	局部细节	局部完整,细节清晰	2	
4	线条	用线准确,细节清晰	2	
合计			10	

知识巩固

根据图2-29所示，将大翻领皮外套的款式图完整地绘制出来。

图 2-29 大翻领皮外套

任务八 H型皮外套正背面款式图绘制

任务描述

绘制H型皮女外套正背面款式图，要求结构比例准确，细节清晰，线迹均匀美观。

任务目标

1. 掌握H型皮外套变化款正背面款式图的画法。
2. 能够准确、简洁、概括地表现H型皮外套变化款的形态特征。

任务分析

如图2-30所示为H型皮外套正背面款式图，流畅线型的H型外套，配特别夸张的银狐毛袖呈现箱形廓形。

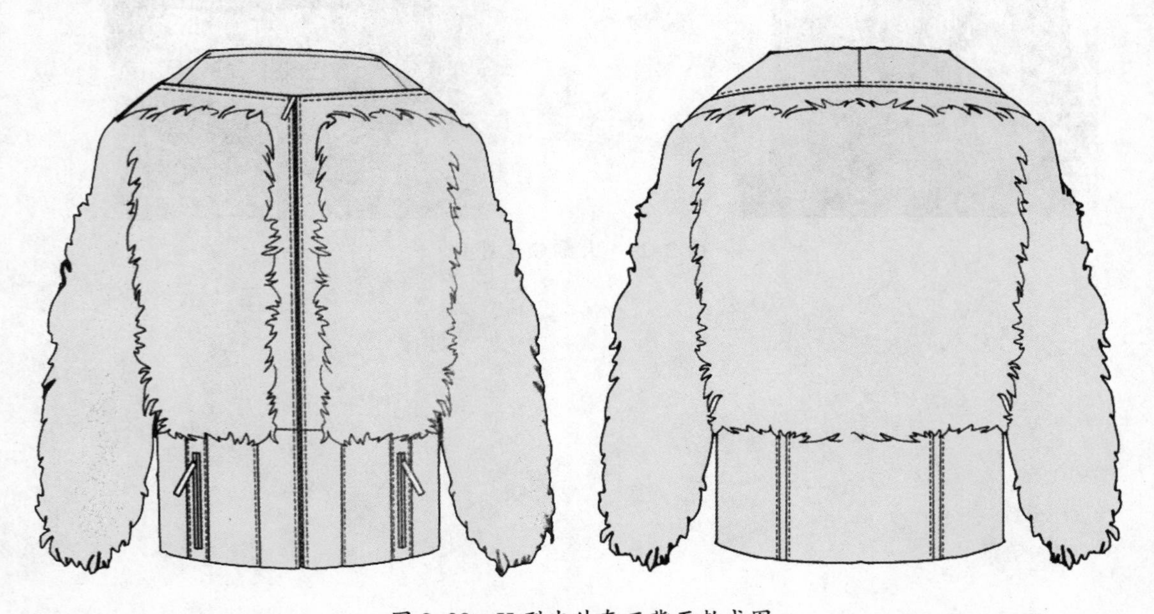

图 2-30 H 型皮外套正背面款式图

任务准备

1. 纸张：A4绘图纸。
2. 工具：铅笔、橡皮、水笔、直尺、曲线板等。

任务实施

1. 出示制图规格。

单位：cm

号型	衣长	肩宽	胸围	背长	袖长	领围	袖克夫
160/84A	60	42	94	41	60	41	12
比例 1:10	6.0	4.2	9.4	4.1	6.0	4.1	1.2

2. 绘制H型皮外套款式图。

（1）确定“十”字基础线。如图2–2所示。

（2）确定衣身长度线（如图2–31所示）。

① 前领深线：N/5＝0.82cm。

② 前肩斜线：B/20＝0.47cm。

③ 袖窿深线：B/6＋0.6＝2.2cm。

④ 腰节线：4.1cm。

⑤ 下摆线：衣长＝6.0cm。

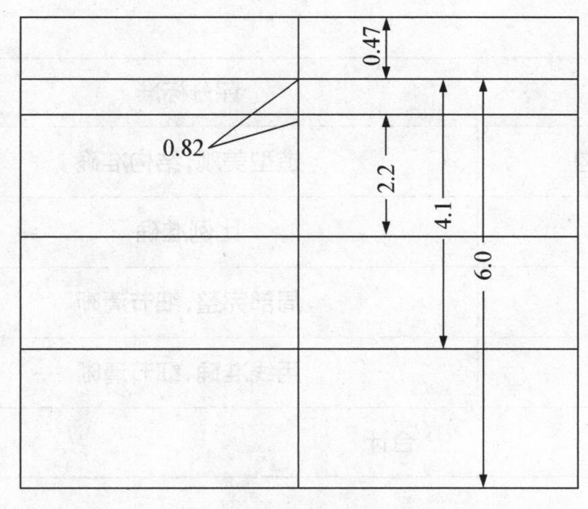

图 2–31　绘制衣身长度

（3）确定维度线及袖长线（如图2–32所示）。

① 前领宽线：N/5＝0.82cm。

② 全肩宽：S＝4.2cm。

③ 胸围线：B/2＝4.7cm。

④ 确定袖长线：袖长＝6.0cm。

（4）根据以上长度线和维度线，绘制衣身外轮廓线。完成分割线、明线、口袋位、扣眼位、毛领等细节部位。

（5）用相同的办法，完成背视图。

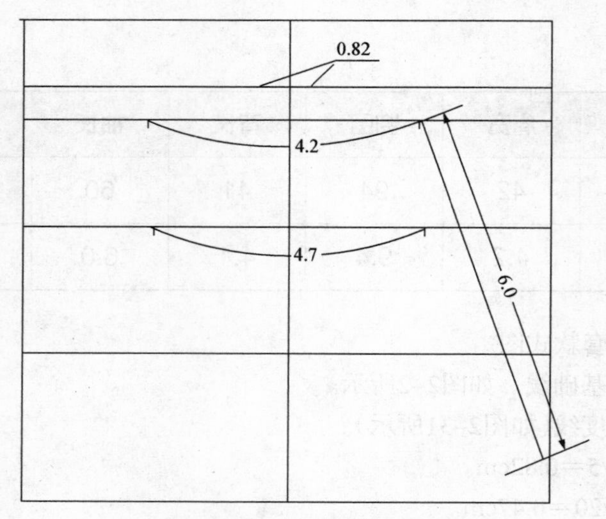

图 2–32　绘制衣身维度

任务评价

序	评分项目	评分标准	分值	得分
1	整体造型结构	造型美观，结构准确	3	
2	比例	比例准确	3	
3	局部细节	局部完整，细节清晰	2	
4	线条	用线准确，细节清晰	2	
合计			10	

知识巩固

根据图2-33所示，将H型皮外套的款式图完整地绘制出来。

图 2-33 H 型皮外套

任务九 超短装皮外套正背面款式图绘制

任务描述

绘制超短装皮外套正背面款式图，要求结构比例准确，细节清晰，线迹均匀美观。

任务目标

1. 掌握超短装皮外套变化款正背面款式图的画法。
2. 能够准确、简洁、概括地表现超短装皮外套变化款的形态特征。

任务分析

如图2–34所示为超短装皮外套正背面款式图，流畅线型的超短装皮外套，呈现箱形廓形。

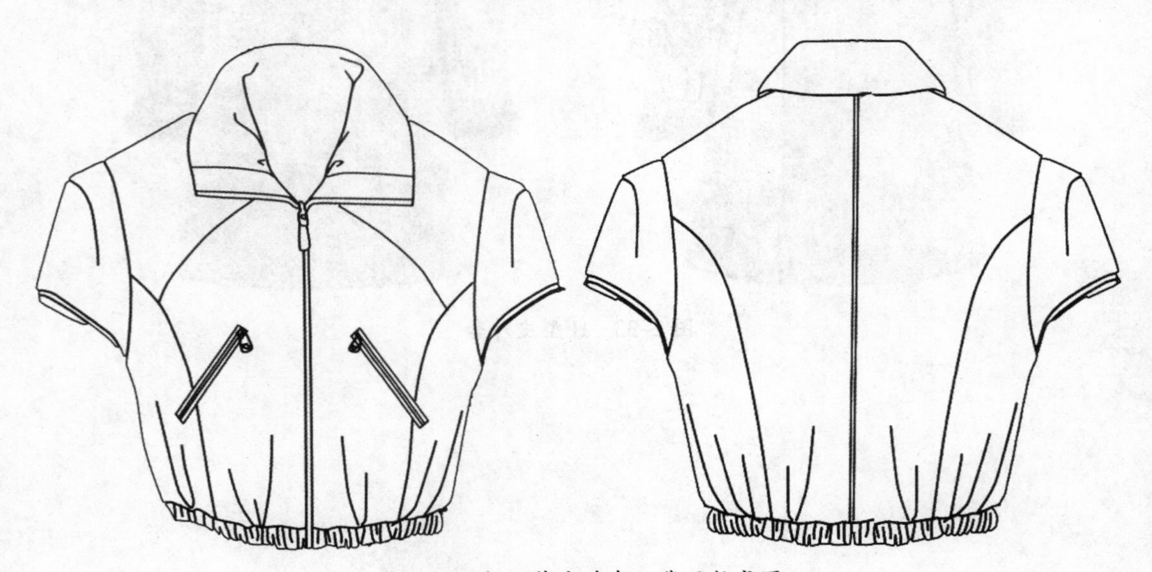

图 2–34 超短装皮外套正背面款式图

任务准备

1. 纸张：A4绘图纸。
2. 工具：铅笔、橡皮、水笔、直尺、曲线板等。

任务实施

1. 出示制图规格。

单位：cm

号型	衣长	肩宽	胸围	背长	袖长	领围
160/84A	40	40	94	40	10	40
比例 1:10	4.0	4.0	9.4	4.0	1.0	4.0

2. 绘制超短装女外套款式图。

（1）确定“十”字基础线。如图2-2所示。

（2）确定衣身长度线（如图2-35所示）。

① 前领深线：N/5＝0.80cm。

② 前肩斜线：B/20＝0.47cm。

③ 袖窿深线：B/6＋0.6＝2.2cm。

④ 下摆线：衣长＝4.0cm。

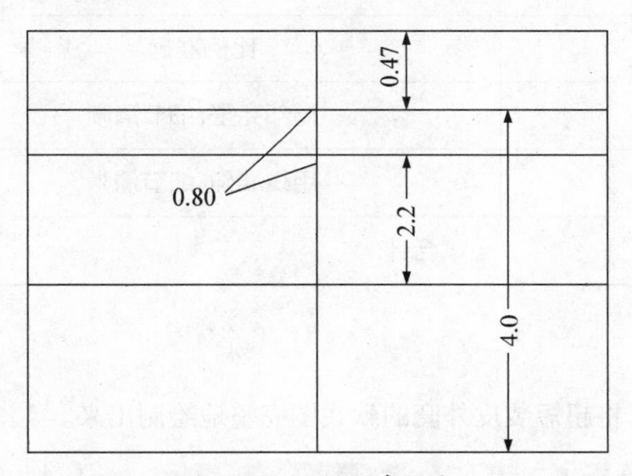

图2-35　绘制衣身长度

（3）确定维度线及袖长线（如图2-36所示）。

① 前领宽线：N/5＝0.80cm。

② 全肩宽：S＝4.0cm。

③ 胸围线：B/2＝4.7cm。

④ 下摆线：此款为宽松型的外套，略窄于胸围宽。

⑤ 确定袖长线：袖长＝1.0cm。

（4）根据以上长度线和维度线，绘制衣身外轮廓线。完成分割线、明线、口袋位、扣眼位、衣领等细节部位。

（5）用相同的办法，完成背视图。

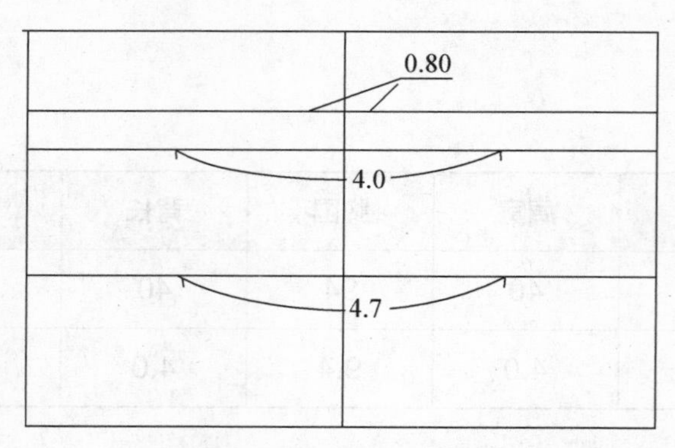

图2-36　绘制衣身维度

任务评价

序	评分项目	评分标准	分值	得分
1	整体造型结构	造型美观，结构准确	3	
2	比例	比例准确	3	
3	局部细节	局部完整，细节清晰	2	
4	线条	用线准确，细节清晰	2	
合计			10	

知识巩固

根据图2-37所示，将超短装皮外套的款式图完整地绘制出来。

图 2-37　超短装皮外套

任务十 机车款皮外套正背面款式图绘制

任务描述

绘制机车款皮外套正背面款式图，要求结构比例准确，细节清晰，线迹均匀美观。

任务目标

1. 掌握机车款皮外套变化款正背面款式图的画法。
2. 能够准确、简洁、概括地表现机车款皮外套变化款的形态特征。

任务分析

如图2–38所示为机车款皮外套正背面款式图，流畅线型的机车款外套，呈现箱形廓形。

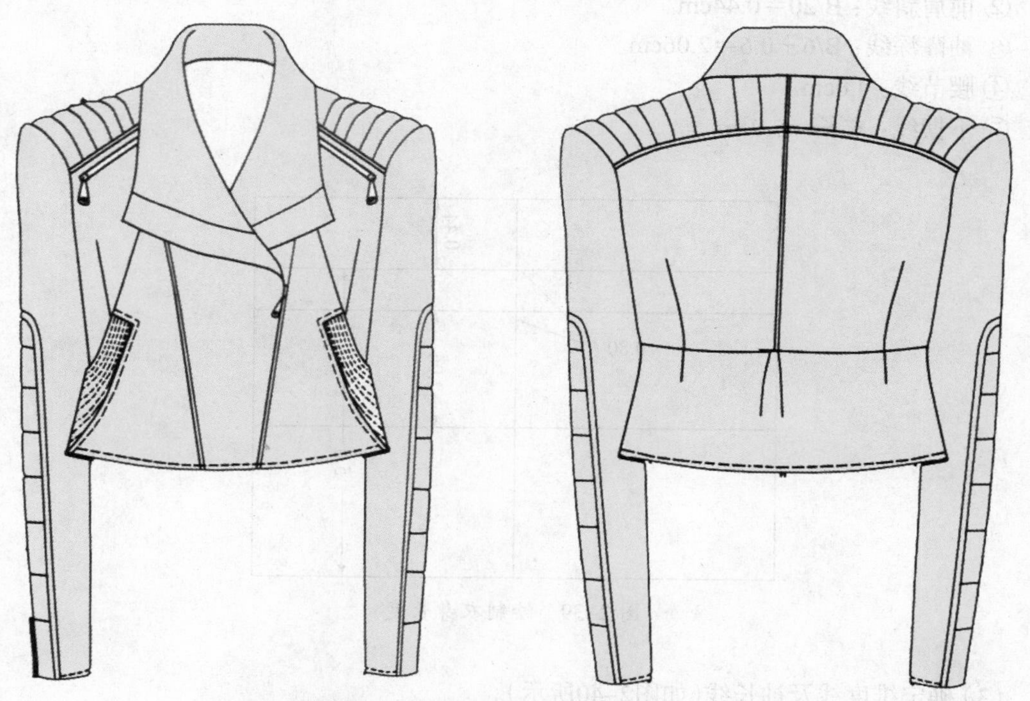

图 2–38 机车款皮外套正背面款式图

任务准备

1. 纸张：A4绘图纸。
2. 工具：铅笔、橡皮、水笔、直尺、曲线板等。

1. 出示制图规格。

单位：cm

号型	衣长	肩宽	胸围	背长	袖长	领围	袖克夫
160/84A	50	44	88	40	60	40	12
比例 1:10	5.0	4.4	8.8	4.0	6.0	4.0	1.2

2. 绘制机车款女外套款式图。

（1）确定“十”字基础线。如图2–2所示。

（2）确定衣身长度线（如图2–39所示）。

① 前领深线：N/5＝0.80cm。

② 前肩斜线：B/20＝0.44cm。

③ 袖窿深线：B/6＋0.6＝2.06cm。

④ 腰节线：4.0cm。

⑤ 下摆线：衣长＝5.0cm。

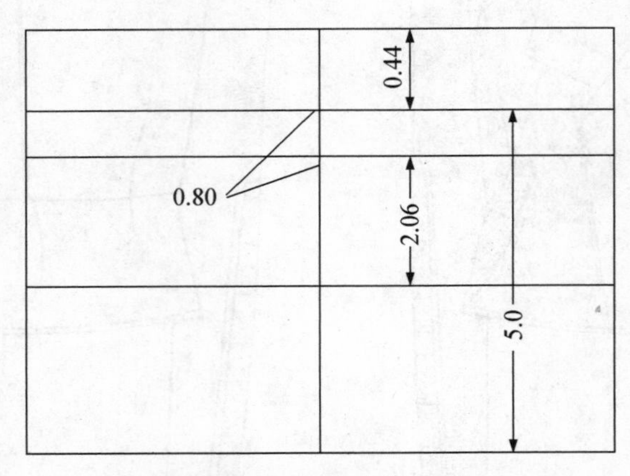

图 2–39　绘制衣身长度

（3）确定维度线及袖长线（如图2–40所示）。

① 前领宽线：N/5＝0.80cm。

② 全肩宽：S＝4.4cm。

③ 胸围线：B/2＝4.4cm。

④ 确定袖长线：袖长＝6.0cm。

（4）根据以上长度线和维度线，绘制衣身外轮廓线。完成分割线、明线、口袋位、扣眼位、衣领等细节部位。

(5)用相同的办法,完成背视图。

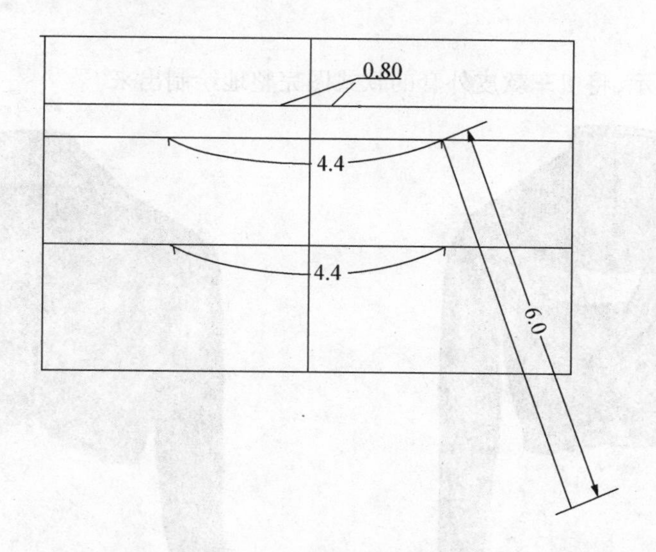

图2-40 绘制衣身维度

任务评价

序	评分项目	评分标准	分值	得分
1	整体造型结构	造型美观,结构准确	3	
2	比例	比例准确	3	
3	局部细节	局部完整,细节清晰	2	
4	线条	用线准确,细节清晰	2	
合计			10	

根据图2–41所示，将机车款皮外套的款式图完整地绘制出来。

图 2–41　机车款皮外套

项目三>>> 男上装款式设计

任务一 男式皮西服正背面款式图绘制(一)

任务描述

绘制男式皮西服正背面款式图，要求结构比例准确，细节清晰，线迹均匀美观。

任务目标

1. 掌握男式皮西服正背面款式图的画法。
2. 能够准确、简洁、概括地表现皮西服的形态特征。

任务分析

如图3-1所示为男式皮西服正背面款式图，错位结构变化西装领的设计，倾斜口袋线与肩线呼应。

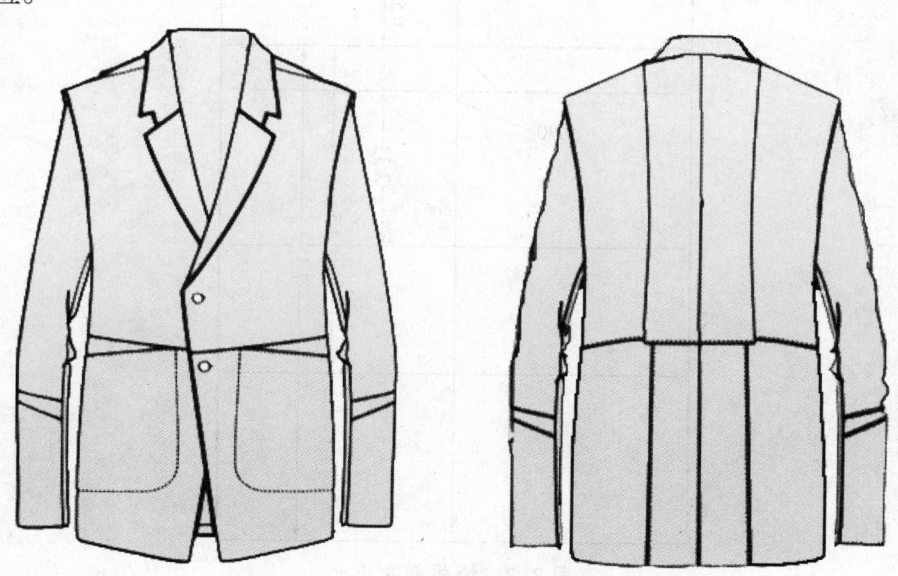

图 3-1 男式皮西服正背面款式图

任务准备

1. 纸张：A4绘图纸；

2. 工具：铅笔、橡皮、水笔、直尺、曲线板等。

任务实施

1. 出示制图规格。

单位：cm

号型	衣长	肩宽	胸围	背长	袖长	领围
175/92A	73	45	104	45	62	45
比例 1:10	7.3	4.5	10.4	4.5	6.2	4.5

2. 绘制皮外套款式图。

（1）确定“十”字基础线。如图2–2所示。

（2）确定衣身长度线（如图3–2所示）。

① 前领深线：N/5＝0.90cm。

② 前肩斜线：B/20＝0.52cm。

③ 袖窿深线：B/6＋0.6＝2.33cm。

④ 腰节线：4.5cm。

⑤ 下摆线：衣长＝7.3cm。

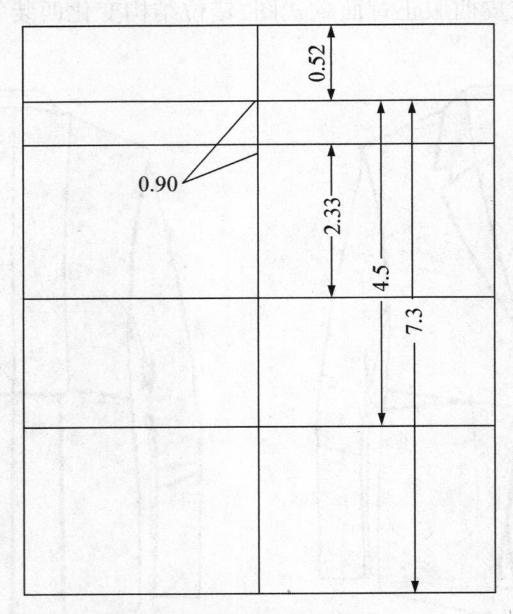

图 3–2　绘制衣身长度

（3）确定维度线及袖长线（如图3–3所示）。

① 前领宽线：N/5＝0.90cm。

② 全肩宽：S＝4.5cm。

③ 胸围线：B/2＝5.2cm。

④ 确定袖长线：袖长＝6.2cm。

（4）根据以上长度线和维度线，绘制衣身外轮廓线，完成分割线、明线、口袋位、扣眼位、衣领等细节部位。

（5）完成背视图。

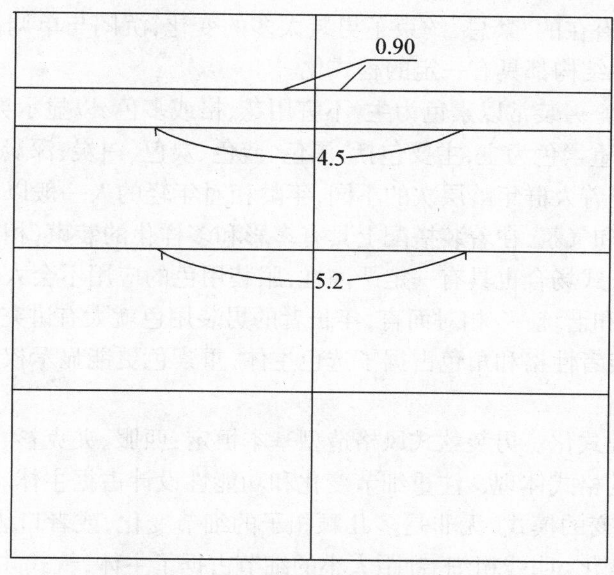

图 3-3　绘制衣身维度

一、男装的特点

（一）男装的严谨性

男装较之于女装，其严谨性会更加明显，强调实用性和功能性的目的更加明确，不会随意地添加一些无用的装饰配件或色彩，沉稳和功用是男装设计的重要因素，因而也就形成了男装款式变化缓慢、色彩应用保守单调、结构造型简单明快的特点。

然而，由于现在社会分工的多样化，人性解放自我，解放社会传统观念的约束，中性化、个性化男装也在市场上占有一席之地。这类服装想推翻传统着装观念的清规戒律，解放自我，回归本真成了某些社交人士的一种"道具"。但这类男装设计也只是运用了一些色彩和纹样，取代了单调和沉闷倾向，对于大男子与小男人也有了细分。虽然如此，这类服装骨子里还是会透着一种属于男性最基本的造型特征和阳刚之气。

（二）男装的功能性与装饰性

男装在形式和设计中大多强调显示健康强壮、社会地位、风度和权力的象征，工作品行和功利也许更能表达出男装的特征。服装的功能性正是服装实用价值的体现。装饰性和功能性是男装设计的重要因素之一。强化功能性和装饰性的高度统一，会展现出男装设计的要点，两者之间是非常密切的。西服作为男性的代表作品，着装常识已成为国际定律。从西方国家到我国着装礼仪标准，具有统一的标准化意识。

（三）男装的程式化

男装的社会心理因素影响了男装的设计，包括在用料色彩和设计方面都具有一定的程式化，人们着装心理潜在的“禁忌”约束了男装太多的变化，沉闷与单调占据了男装的主体，使材料、用色、款式和结构都具有一定的程式化。

1. 用色的程式化。男装常以素色为主，不宜用花、格或多色，以显示男士沉稳和严谨的品行态度。春秋装多以重素色为主，主要包括：黑色、蓝色、炭色(白炭、深炭、烟炭)、咖啡色等几种常规色系。由于穿着人群年龄层次的不同，年龄相对年轻的人一般以淡色系为主，显示年轻洒脱、活跃的性格和气氛，在着装搭配上具有多彩和多样化的装束，相对而言，着装搭配以个性化为多。但在正式场合也具有一定严谨性，服装用色的应用不会太过偏激，即便是休闲装，搭配用色也讲究和谐统一。相对而言，年长者的男装用色就大有讲究，由于社会和家庭身份、地位的不同，着装者性格和角色占据了选色主体，重素色更能显示权力与威望、稳重和严谨的生活态度。

2. 款式结构的程式化。男装款式风格造型基本恒定：西服、夹克衫、衬衫、大衣等款式大体上多以定律相近的格式体现，注重细节变化和功能性设计占据主体。特别是西服的单排扣、双排扣也成了不变的模式，无非是多几颗扣子的细节变化，或者口袋大小、高低、形状的不同和装饰手法的变化。明线粗细、针距大小的细节占据了主体，款式并没有太多的变化，衣身结构基本稳定。三开身、四开身两种方法成了男装款式结构设计的基本格式。领形多以立领、驳领、方领为主体，袖型也多以一片袖、两片袖和插肩袖这几种模式呈现。衣身、结构的剪切、展开、褶皱、波浪等造型基本在男装里很少用到，有明显地区别于女装设计。由于男性和女性的体形特征和着装意识及社会分工的不同，男性大多采用宽松型或较宽松型、合体型等款式呈现。追求大气和庄重是男装设计的主体。

3. 规格的程式化。男装设计较注重功效与美学的高度统一。考虑机能性与功用性的特点，一般规格尺寸多采用较中庸的尺寸，很少采用极长、极短或极大、极小的极端尺寸。从美学的角度出发，男性在装束上多体现强壮、健康、宽宏大气、有力量的设计外观形式。所以对于规格尺寸不宜太过合体或太过松垮等。社会着装心理模式决定了男装规格尺寸的程式化。

二、男装设计的特点

（一）精美的设计与造型

款式设计体现造型和美学的高度统一，造型大气，细节精美是基本的审美意识，所谓大气、充满张力与舒展。“大”代表不可战胜的自然伟力，人们赞美、崇拜它。大气成了一种审美取向，成了一种美学思想大气的造型，体现了男装大气的性格特征和豪爽的气度。男士的社交活动需要这种豪放、举止大方、文雅的气度，以传递自己的大度和包容。

因此，男装设计中对规格尺寸、衣片形状的大小、位置的高低、线条刚柔、褶皱疏密、线迹粗细有着非常严密的要求。力求体现舒展、顺畅、挺拔、简练的设计要点。款式设计讲究“细而不繁”的特点，显示阳刚之气最为重要，切忌矫揉造作和细巧猥琐。所谓精美，要精而良、细而美，才能体现服装品质的档次。粗简明快的线条、分割结构的合理和人体机能的功用等，相互结合的巧到之处才能体现出精而完美的设计意图。

（二）精当的结构与功能美

服装的结构设计是建立在功能性的基础之上的，装饰造型和结构特点成正比关系。以人体为基础的舒适感最为重要，其次是有利于健康的美感，但更重要的是结构要合理，同时具备功能性的完美，这也许是服装功能美的所在。结构精确和恰到好处的把握，对于男装结构设计尤为重要。衣片的形状大小和人体的对应关系，平面到立体的转化过程是否得当会直接影响服装造型和机能性运动。因此，不仅要把握衣片各自块面的形状，还要把握衣片与衣片之间形的互相匹配。

服装结构设计的过程是协调服装量与形的把握与调整过程，衣片上任何一个部位量的变化会直接改变形的变化，相互匹配的精确与恰当就是技术量与形的推敲过程。从领子到领圈、前片与后片、袖笼与袖子、口袋与大身之间的量与形的匹配直接影响外观效果和机能性运动。结构精美是男装产品功利性的保证，男装结构设计以机能优先，强调技术人员在制版过程中注重功用机能性，设法协调合体与机能性的矛盾关系，既要美观合体，又要穿着舒适才算是结构的功美结合。

（三）精良的工艺

服装工艺建立在服装结构设计的基础上。服装设计包括：款式设计、结构设计、工艺设计三大部分。结构设计是款式设计的第二次设计和细节具体化，是工艺设计的前导，具有承上启下的作用。工艺设计是把款式和结构设计通过工艺手段实现。工艺技术的好坏直接影响产品质量的品质。通过精良的工艺手段可以使一款不起眼的服装变为品质档次优良的作品。从审美的角度看，一件工艺精良的服装给人以完美的精致感和享受感。“三分裁剪，七分做工”的说法不无道理。缝制精细、吃势合理得当、止口顺直、线条流畅、熨烫自然平整都成了工艺技术的具体表现。精湛而合理的工艺手段在男装设计中是非常重要的，男装讲究工艺和板型，只有良好的服饰板型和精湛的工艺手段才能造就出一流的服饰品质。

任务描述

序	评分项目	评分标准	分值	得分
1	整体造型结构	造型美观，结构准确	3	
2	比例	比例准确	3	
3	局部细节	局部完整，细节清晰	2	
4	线条	用线准确，细节清晰	2	
合计			10	

知识巩固

根据图3-4所示，将男式皮西服的款式图完整地绘制出来。

图 3-4 男式皮西服(一)

任务二　男式皮西服正背面款式图绘制(二)

任务描述

绘制一款男式皮西服正背面款式图如图3-5，要求结构比例准确，细节清晰，线迹均匀美观。

任务目标

1. 掌握男式皮西服正背面款式图的画法。
2. 能够准确、简洁、概括地表现皮西服的形态特征。

任务分析

如图3-5所示为男式皮西服正背面款式图，内翻式西装领型，斜向分割细节的袖口设计。

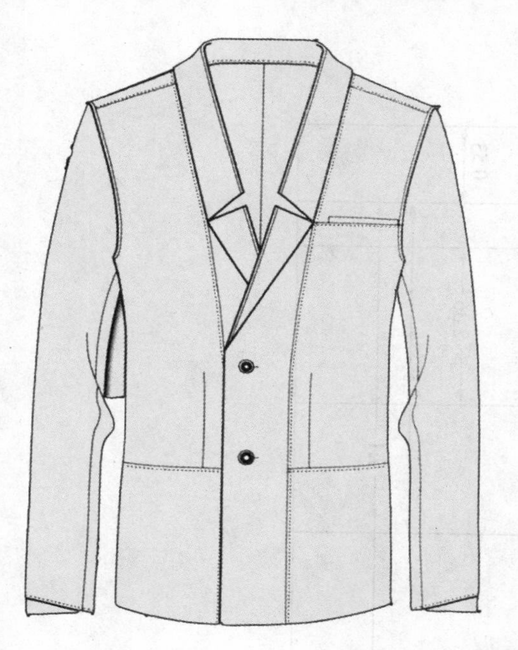
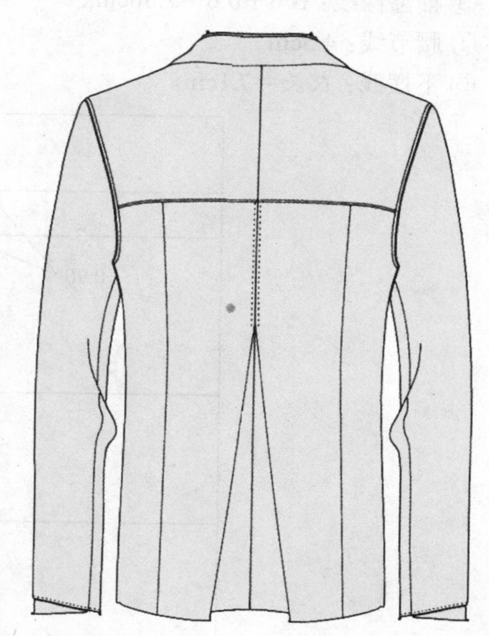

图 3-5　男式皮西服正背面款式图

任务准备

1. 纸张：A4绘图纸。
2. 工具：铅笔、橡皮、水笔、直尺、曲线板等。

任务实施

1. 出示制图规格。

单位：cm

号型	衣长	肩宽	胸围	背长	袖长	领围
175/92A	71	45	106	45	62	45
比例 1:10	7.1	4.5	10.6	4.5	6.2	4.5

2. 绘制皮西服款式图。

(1) 确定“十”字基础线。如图2–2所示。

(2) 确定衣身长度线(如图3–6)。

① 前领深线：N/5＝0.90cm。

② 前肩斜线：B/20＝0.53cm。

③ 袖窿深线：B/6＋0.6＝2.36cm。

④ 腰节线：4.5cm。

⑤ 下摆线：衣长＝7.1cm。

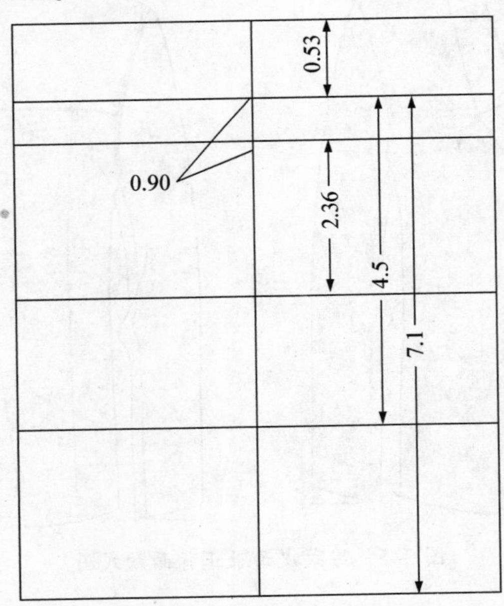

图 3–6　绘制衣身长度

(3) 确定维度线及袖长线(如图3–7所示)。

① 前领宽线：N/5＝0.90cm。

② 全肩宽：S＝4.5cm。

③ 胸围线：B/2＝5.3cm。

④ 下摆线：此款为宽松型的外套，略窄于胸围宽。

⑤ 确定袖长线：袖长＝6.2cm。

（4）根据以上长度线和维度线，绘制衣身外轮廓线，完成分割线、明线、口袋位、扣眼位、衣领等细节部位。

（5）完成男式皮西服的背视图。

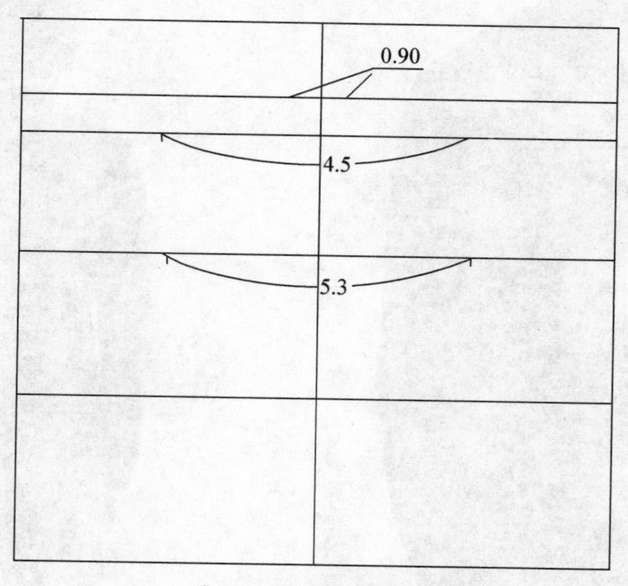

图 3–7　绘制衣身维度

任务评价

序	评分项目	评分标准	分值	得分
1	整体造型结构	造型美观，结构准确	3	
2	比例	比例准确	3	
3	局部细节	局部完整，细节清晰	2	
4	线条	用线准确，细节清晰	2	
合计			10	

知识巩固

根据图3-8所示，将男式皮西服的款式图完整地绘制出来。

图 3-8　男式皮西服（二）

任务三 充绒皮衣正背面款式图绘制

任务描述

绘制充绒皮衣正背面款式图，要求结构比例准确，细节清晰，线迹均匀美观。

任务目标

1. 掌握充绒皮衣正背面款式图的画法。
2. 能够准确、简洁、概括地表现充绒皮衣的形态特征。

任务分析

如图3–9所示为充绒皮衣正背面款式图，充满运动感的充绒皮衣，黑色的电脑刺绣骷髅图案，左右各一个装饰口袋及拉链装饰。

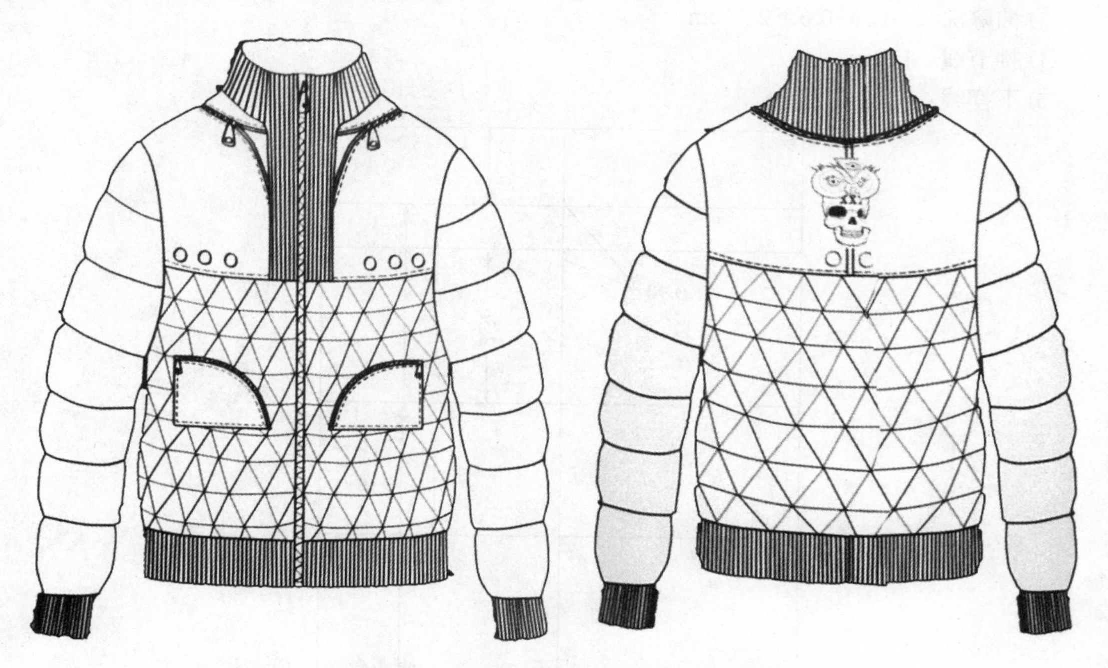

图 3–9 充绒皮衣正背面款式图

任务准备

1. 纸张：A4绘图纸。
2. 工具：铅笔、橡皮、水笔、直尺、曲线板等。

任务实施

1. 出示制图规格。

单位：cm

号型	衣长	肩宽	胸围	背长	袖长	领围
175/92A	68	46	106	45	61	45
比例 1:10	6.8	4.6	10.6	4.5	6.1	4.5

2. 绘制充绒皮衣款式图。

（1）确定“十”字基础线。如图2–2所示。

（2）确定衣身长度线（如图3–10所示）。

① 前领深线：N/5＝0.90cm。

② 前肩斜线：B/20＝0.53cm。

③ 袖窿深线：B/6+0.6＝2.36cm。

④ 腰节线：4.5cm。

⑤ 下摆线：衣长＝6.8cm。

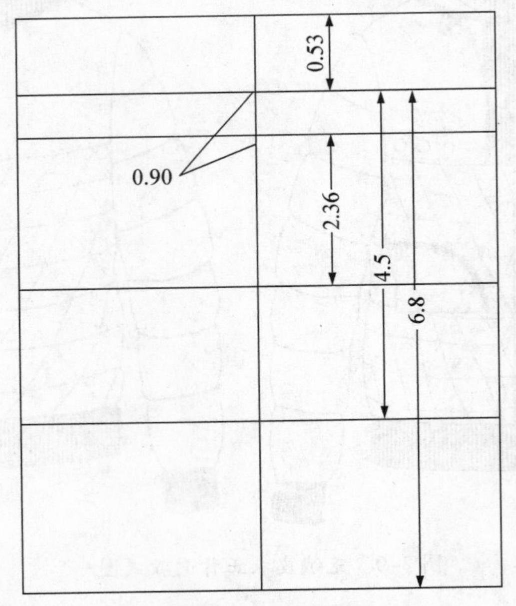

图 3–10　绘制衣身长度线

（3）确定维度线及袖长线（如图3–11所示）。

① 前领宽线：N/5＝0.90cm。

② 全肩宽：S＝4.6cm。

③ 胸围线：B/2＝5.3cm。

④ 下摆线：此款为宽松型的外套，略窄于胸围宽。

⑤ 确定袖长线：袖长＝6.1cm

（4）根据以上长度线和维度线，绘制衣身外轮廓线，完成分割线、明线、口袋位、扣眼位、衣领等细节部位。

（5）完成充绒皮衣的背视图。

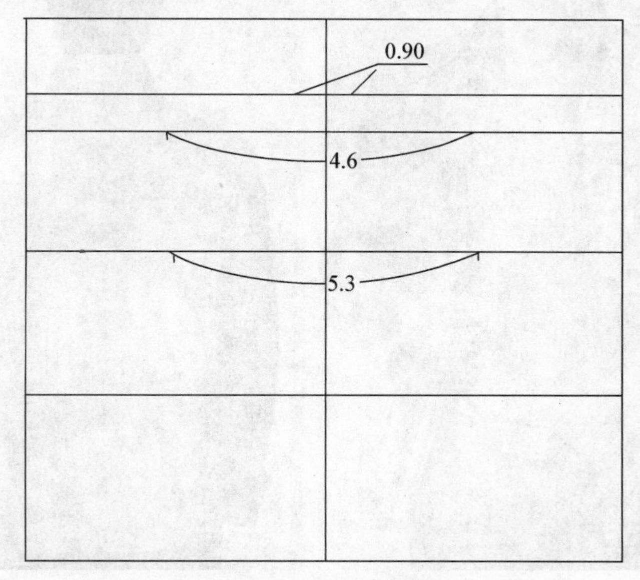

图 3–11　绘制衣身维度

任务评价

序	评分项目	评分标准	分值	得分
1	整体造型结构	造型美观，结构准确	3	
2	比例	比例准确	3	
3	局部细节	局部完整，细节清晰	2	
4	线条	用线准确，细节清晰	2	
合计			10	

根据图3–12所示，将充绒皮衣的款式图完整地绘制出来。

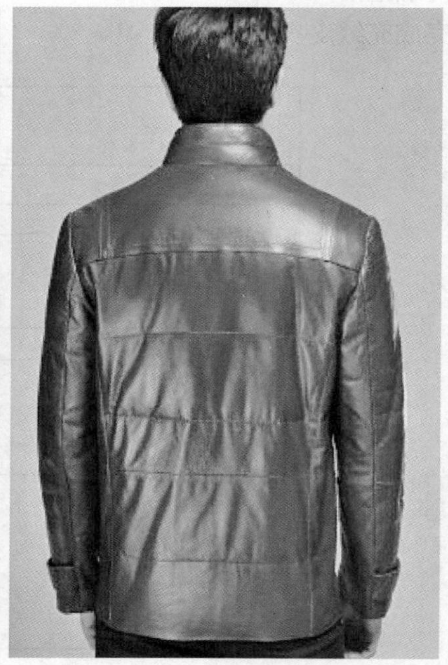

图 3–12　充绒皮衣

任务四 一粒扣西装正背面款式图绘制

任务描述

绘制一粒扣西装正背面款式图，要求结构比例准确，细节清晰，线迹均匀美观。

任务目标

1. 掌握一粒扣西装正背面款式图的画法。
2. 能够准确、简洁、概括地表现一粒扣西装的形态特征。

任务分析

如图3-13所示为一粒扣西装正背面款式图，单排一粒扣修身西装，狐毛翻领增加华丽感。

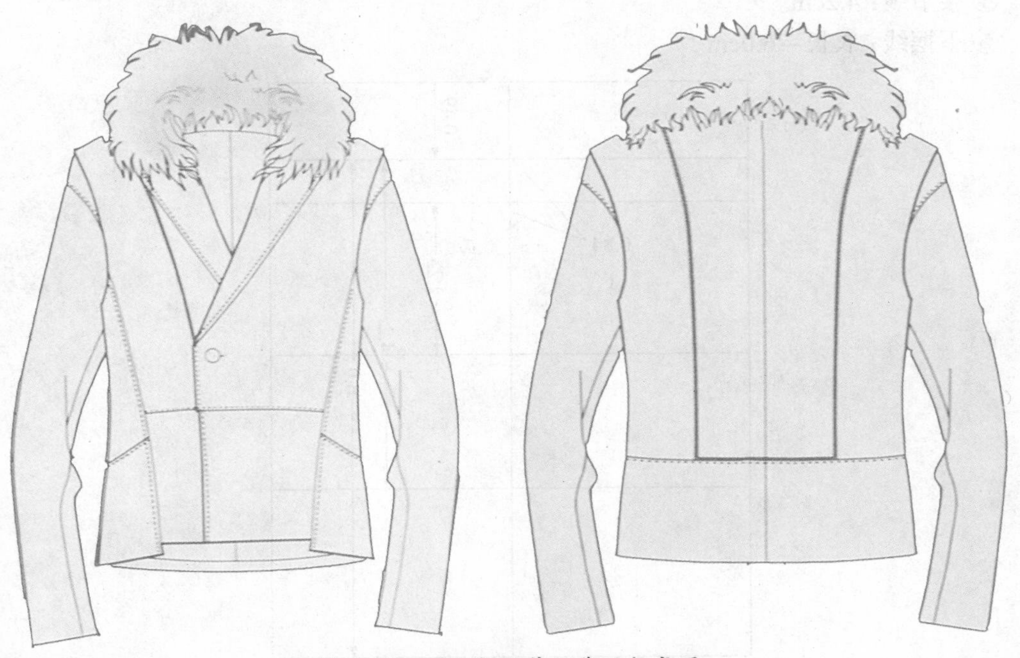

图 3-13 一粒扣西装正背面款式图

任务准备

1. 纸张：A4绘图纸。
2. 工具：铅笔、橡皮、水笔、直尺、曲线板等。

任务实施

1. 出示制图规格。

单位：cm

号型	衣长	肩宽	胸围	背长	袖长	领围	袖克夫
160/84A	60	42	98	42	62	42	12
比例 1:10	6.0	4.2	9.8	4.2	6.2	4.2	1.2

2. 绘制一粒扣西装。

（1）确定“十”字基础线。如图2–2所示。

（2）确定衣身长度线（如图3–14所示）。

① 前领深线：N/5＝0.84cm。

② 前肩斜线：B/20＝0.49cm。

③ 袖窿深线：B/6＋0.6＝2.23cm。

④ 腰节线：4.2cm。

⑤ 下摆线：衣长＝6.0cm。

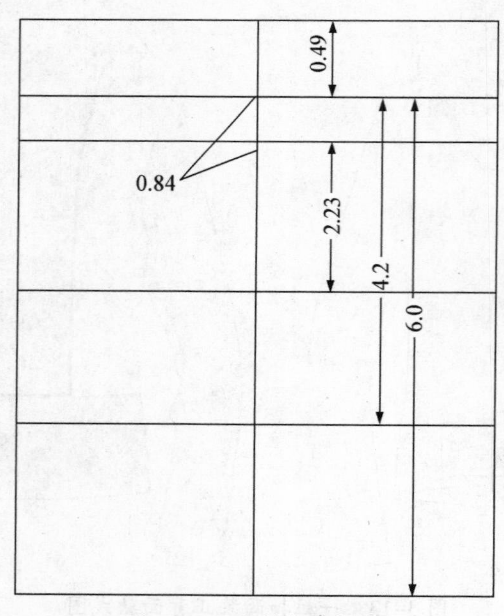

图 3–14　绘制衣身长度

（3）确定维度线及袖长线（如图3–15所示）。

① 前领宽线：N/5＝0.84cm。

② 全肩宽：S＝4.2cm。

③ 胸围线：B/2＝4.9cm。

④ 下摆线：此款为修身型外套，略窄于胸围宽。

⑤ 确定袖长线：袖长＝6.2cm。

(4) 根据以上长度线和维度线，绘制衣身外轮廓线。完成分割线、明线、口袋位、扣眼位、毛领等细节部位。

(5) 用相同的办法，完成背视图。

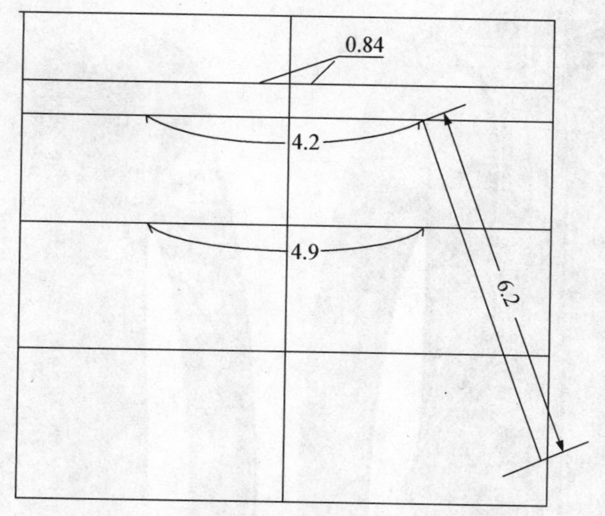

图 3-15 绘制衣身维度

任务评价

序	评分项目	评分标准	分值	得分
1	整体造型结构	造型美观，结构准确	3	
2	比例	比例准确	3	
3	局部细节	局部完整，细节清晰	2	
4	线条	用线准确，细节清晰	2	
合计			10	

知识巩固

根据图3-16所示，将一粒扣皮西装的款式图完整地绘制出来。

图 3-16　一粒扣皮西装